HONOR AND STYLE
THE OLD CAMPUS BUILDINGS

大学里的老建筑

顾嘉福 陈志坚 主编

中西书局

编委会成员

主　编

顾嘉福　陈志坚

编　委

王天广　徐卓斌　秦　岭
郭昭如　施昌书

序 一

近年来在评价大学时，论者往往会引用原清华大学校长梅贻琦的话："所谓大学者，非谓有大楼之谓也，有大师之谓也。"并且大多是用此话来批评当今的大学纷纷建大楼。不过梅贻琦此话的本意，只是强调大师对于一所大学的重要性，就轻重缓急而言，大师应放在最优先的位置，大楼一时没有还可以克服，而要是没有大师，就不成其大学了。但他并没有将大师与大楼完全对立起来，更不意味着大学有了大楼就不能出大师，或者将大楼拆了大师就应运而生。

实际上，在梅贻琦当校长期间，清华大学就有了很好的大楼。20世纪80年代初我去清华图书馆查古籍，第一次走进老图书馆；以后又有机会在小礼堂作讲座，在老建筑中录制节目，不禁惊叹清华的"大楼"竟有那么高雅，那么宏敞，而那时的清华才两千多学生。这更证明，将大师与大楼对立起来，绝非梅贻琦的本意，更不是中国大学的传统。相反，只要稍有条件，中国的大学就会兴建或改善"大楼"——校园、校舍和各种设施，毕竟这是学校安身立命的场所，也是师生须臾不可缺的条件。

但此"大楼"不是彼"大楼"，不是贵族的府邸、巨贾的豪宅、名流的雅舍，更不是帝王的宫殿、宗教的神坛、官僚的衙署，也有别于喧腾的市廛、闭塞的村落、摩天的高楼，而是一座与"大学"这个名字相称的真正的"大楼"，有自己的功能、自己的特色，更有自己的风骨。

这些"大楼"都称得上"大"，无不气度恢宏。前些年去武汉大学，看到复建的校门，突出在校园之外，以为这就是原来校园的范围。后来才知道，20世纪30年代建校就规划的校园比这范围更大。我一直抱怨我们复旦大学校园的拥挤局促，有一次在讨论学校规划时得知，国权路、政肃路一带原来都是学校已购置的土地，到了"大跃进"时才用来支援生产队养猪、搞生产，让居民建住房。不少老大学都是在20世纪前期规划建设的，有些大学还是私立的，学校师生数量不多，初创时往往少得可怜。那时的中国很穷，政府穷，民众更穷，却舍得为大学花钱，花大钱，还留下那么大的发展余地！

这些"大楼"充分体现了尊师重教、以人为本的宗旨。国立大学、教会大学，甚至省立大学，在学校的建筑、设施和功能方面大多以一流为目标，直追欧美苏，以充分满足师生教学、科研、实验、实习、体育、娱乐、生活各方面的需要。如燕京大学画栋雕梁、曲径小院的仿古建筑内，电灯、电话、暖气、热水、浴缸、抽水马桶等当时最先进的设施一应齐全。清华、燕京等校当时的教师宿舍至今令教授追忆或艳羡。复旦在1956年建了一批教师宿舍，先师季龙（谭其骧）先生时年四十五岁，迁入了一套四大一小，带厨房、浴室、走廊、阳台的教授房。复旦为陈望道校长和两位副校长建的是独用小楼，校方还宣布，今后将为教授们建与副校长住所类似的小楼。陈寅恪在中山大学有宽敞的住宅，助手可以来家工作，也可在家为青年教师讲课。为了让双目几近失明的他能在甬道散步，还把路专门漆成白色。

这些"大楼"并不追求豪华辉煌，却为体现人文、传承文化、适应环境而刻意求工，中外建筑师由此创造了很多不朽的建筑。燕京大学的校舍校园是美国著名建筑师墨菲设计的，一座座殿堂院落在湖光山色、古树名木中错落有致，宛然当初的皇家园林。连一座现代水塔，也以宝塔造型成为画龙点睛的重要景观。即使一些完全西式的校舍校园，也不显得突兀张扬，在异国情调中融入了中国元素。

中国近代和当代的大师，相当一部分就曾经在这些"大楼"中工作和生活，作出了他们学术生涯中最重要的贡献，度过了他们一生中最美好的时光。从这些大楼中走出的莘莘学子，如今已经成为国家栋梁、社会中坚、专家学者、教授、院士、学术大师、诺贝尔奖得主。这些"大楼"是中国大学史、教育史、文化史、社会史的构成部分，是值得珍惜的文化遗产。

岁月流逝，人事沧桑，这些"大楼"或已是风烛残年，或已受到人为破坏，大多已难完好，有的甚至已不复存在，人们只能依靠老照片和回忆录来想象它们当年的风采。所以当我读到顾嘉福与陈志坚先生主编的《傲然风骨——大学里的老建筑》一书后，情不自禁地写下了这些文字，作为对两位有心人的感谢，也希望将本书介绍给更多读者。

葛剑雄

2013年7月21日

序 二

在中国的高等院校中留下了众多的优秀近代历史建筑。这些建筑大多建造于19世纪末至20世纪中，"文革"中个别的遭到红卫兵的冲击，但后来又根据原来样式恢复了，如清华大学的老校门。这些老校舍大多受到人们的珍爱，因为有许多学子在这里度过了他们难忘的青春年华，留下了他们璀璨人生中的美好记忆；更因为这些建筑物大多是那个年代优秀建筑师的作品，又正是早期西方建筑进入中国大地的先声。有的学校有外国雄厚资金作后盾，有的学校是地方政府鼎力支持，有的学校得到一些社会贤达办学人的多方筹集，当然也有的学校建造时历尽艰难，因此这些当时兴建的校舍多能恢宏大度，精益求精，有的富有特色，有的独具风采。在20世纪初至30年代，社会上正兴起振兴中华、学习西方的舆论热潮，这些建筑物也反映出中西合璧、洋为中用的时代特色。这些校舍多是西方古典主义或改良主义、折中主义作品，也有中式传统的改良形式。经过历史的变迁，岁月的筛选，留下来的这些校舍建筑物堪称中国近代建筑之精华，大多被列为各级文物保护单位，受到精心的保护。改革开放以后，国家经济建设大发展，高等院校也有很大的发展，老校园中增加了许多现代的新建筑，许多新建筑体量、面积、高度比这些老建筑都要大得多，风格上也大不相同，但这些老建筑仍然以"傲然风骨"之姿屹立在校园中，它们代表着那个时代建筑的精粹和沉淀，凝聚着那个时代校园知识精英和莘莘学子们的精神和气质。所有的大学都为它们所拥有的这些老校园、老建筑而骄傲，它们会在校园里更久地保存下去，会比那些高耸的"玻璃盒子"长寿，并受到今天和未来的学子们的青睐，因为它们承载着这所院校、以至于这座城市的历史。

要感谢顾嘉福和陈志坚等诸位先生，别出蹊径地以大学老建筑为对象，全国奔波拍摄了这些精彩的照片，编辑成精美的画册，它不仅给喜欢老建筑的人拍出了优美的建筑形象，也为研究大学教育的人提供了重要的资料。书名《傲然风骨——大学里的老建筑》也取得极好，使我这个热衷于历史文化遗产的人，怦然心动，有一种激动的感触，谢谢他们辛勤而又有水平的工作。

阮仪三
2013年8月19日

前 言

《傲然风骨——大学里的老建筑》是一本旨在挖掘大学历史沉淀,向学术大师致敬,弘扬大学精神的图文书。之所以选择大学老建筑作为书写对象,是因为大学的建筑,尤其是那些历经沧桑的老建筑,往往是大学外在身份的象征,是大学文化的积淀,是导引我们进入历史的最佳地图。老建筑耸立于大学校园之中,既见证了大学的历史与变迁,也塑造了大学的品位,更传承了大学的精神与理念。近代以来,大学精神于我们国家而言,是民族风骨,是家国情怀,砥砺熏陶着一代又一代莘莘学子。

作为受过高等教育的新时代知识分子,编者们虽然已经离开大学校园多年,但是多彩的大学生活、厚重的校园文化,为我们注入了人文关怀的血液,使我们在精神诉求上多了一份历史情结和时代责任。随着年龄的不断增长,这种精神诉求变得越来越强烈。于是,我们希望能循着大学老建筑的足迹,一点点走入大学那神圣却又坎坷的历史,探寻每一所高校独特的文化,为弘扬大学精神、保护历史建筑和传承民族风骨,做点力所能及的事情。这也是本书取名"傲然风骨"的本意所在。

本书在选择收录大学老建筑时,坚持"历史的悠久、人文的积淀、风格的独特和地域的广泛"四个标准。建筑本身的历史悠久,契合"老建筑"的本意,是收录的第一标准。符合该标准的建筑代表,有北大之红楼、清华之水木清华、复旦之简公堂等。建筑本身所承载的人文积淀,往往是一所大学的精神所在,传递着追求真理、献身国家的理念,契合"傲然风骨"的立意,与第一标准同等重要。符合该标准的建筑代表,有北大之图书馆、复旦之相辉堂、同济之国立柱和西北大学之少帅的礼堂等。建筑本身历史虽不悠久,但却具有独特的风格,烙有鲜明的时代特征,是收录的第三标准。符合该标准的建筑有哈工大之主楼、东北大学之主楼和沈阳农业大学之1952楼等。为使本书能尽可能地实现对全国更多高校的覆盖,一些历史并不悠久,但也有一定特色的建筑,本书也酌情进行了收录,如香港大学之本部大楼、大学堂和邓志昂楼,台湾大学之校史馆和行政大楼等。此外,个别老建筑虽在空间上位于校园之外,但却因其位置相邻、精神相通、气质相同,随时光流逝,早已与一墙之隔的大学校园融为一体,亦成校园一景。故本书也酌情予以收录,如与原东吴大学毗邻的圣约翰堂。

按照上述四个标准,在启动本书编写工作之初,我们耗费半年多时间,系统地对全国高校的老建筑进行了一次拉网式的梳理，形成了一份近350栋(群)老建筑(群，是指建筑群，如厦门大学芙蓉楼群)详细信息的列表。然后，为了尽可能地挖掘老建筑本身的历史渊源和人文积淀，全面地反映老建筑所承载的大学精神，为实现这一编写目标，我们为这些老建筑撰写了多达几十万字的文稿。

在文字材料的组织工作完成后，我们遇到的最大困难是老建筑照片的拍摄问题。这些老建筑数量众多，分布在全国各省市和港台地区，北起白山黑水，南到维港之畔，东起黄海之滨，西到黄土高原，到处都有它们的身影。由于财力和时间的限制，我们无法亲自一一赴实地拍摄，只能委托各地爱好摄影的好友，借助地利之便，协助拍摄。同时，我们还借助王邦宪先生所创立的"上海微图"专业平台，面向全国的专业摄影人士，公开征集部分老建筑的照片。

照片拍摄与征集的结果，有喜有忧。喜的是，在众多好友和"上海微图"的大力支持下，我们总计拿到了近300栋(群)老建筑的照片，为本书的编写工作奠定了基础。我们借此机会向协助摄影的众多好友与"上海微图"表示衷心感谢。感谢你们为保存或抢救文化遗产所作出的贡献。忧的是，一些老建筑已经被拆除，我们再也无法一睹其风采。伴随那些老建筑而去的，不仅仅是建筑本身，更多的是其所承载的宝贵人文传统和大学精神。

经过认真梳理和归纳，本书共收录了55所高校的240余栋(群)老建筑。相对全国2000多所高校中为数众多的建筑，本书所收录的240余栋(群)建筑只是沧海一粟。但从中国近代高等教育发展的历史进程来看，这些建筑无论在时间、空间，还是建筑风格及所蕴含的文化内涵上都极具代表性。

本书是以图片为主的普及性读物，是由一群热爱大学文化，致力于向大学精神致敬的非专业人士所编写的。为了提高本书的专业性，让读者更好地了解大学精神和当代中国大学发展的基本脉络，我们整理了四篇附录，分别介绍了近代中国教会大学建筑风格流变、中西合璧的民国大学建筑大师墨菲、民国时期的大学校歌以及1952年中国高校院系大调整的综述，提供给感兴趣的读者以资参考。

本书的编写工作，得到了著名人文学者、历史地理学家、全国政协常委葛剑雄教授和著名建筑学家、历史文化名城研究保护领域的学术泰斗阮仪三教授的亲切关心。两位前辈虽然事务繁忙，但在获悉本书即将出版的消息后,仍于百忙之中,欣然接受邀请,为本书作序,在此深表感谢。

在本书编写的过程中,诸多好友,如复旦大学历史系顾云深教授、金光耀教授,上海外国语大学胡礼忠教授,"上海微图"总裁王邦宪先生,上海世纪出版集团副总裁张晓敏先生,中西书局总经理秦志华先生,上海电信周春雨先生,上海麦迪讯公司陈涛先生,宝山区政府朱利先生,上海鹿鸣书店店主顾振涛先生,云南省通信管理局赵宁先生,吉林省通信管理局万恒忠先生,河南省通信管理局赵会群先生,黑龙江省通信管理局姜春祥先生,湖南省通信管理局陶波先生,四川省通信管理局余和平先生,甘肃省通信管理局刘志华女士,广东省通信管理局费建光先生,福建省通信管理局陈庸程先生,陕西省通信管理局史军怀先生,山西省通信管理局傅长源先生等,他们或帮忙出谋划策,或提出中肯建议,或组织摄影专家,或给予力所能及的热情帮助,在本书的编写工作中起到了雪中送炭的效果。中西书局的美术编辑梁业礼先生、王轶颀小姐,责任编辑赵明怡小姐,亦为本书的编辑做了大量辛苦的工作,在此一并表示感谢!

由于受主客观条件的限制,本书所收录的老建筑,难免挂一漏万。对于已收录的照片,虽然我们做了很多文字与图片的比对工作,但由于未能亲历拍摄现场,可能出现一些错误,恳请读者谅解。

编 者

2013年10月18日于上海

目录

序一 葛剑雄　　序二 阮仪三　　前言

- 1　**引论**

- 1　**北京大学**
  西门 / 博雅塔 / 朗润园 / 办公楼 / 鸣鹤园 / 临湖轩 / 档案馆 / 红楼 / 治贝子园

- 7　**清华大学**
  清华学堂 / 大礼堂 / 近春园 / 同方部 / 科学馆 / 二校门 / 水木清华 / 古月堂 / 图书馆 / 体育馆 / 生物学馆 / 天文台

- 14　**中央民族大学**
  大礼堂 / 16号楼 / 3号楼

- 16　**中央音乐学院**
  王府大殿 / 音乐厅 / 音乐厅正面

- 18　**中央戏剧学院**
  正门

- 19　**北京师范大学**
  辅仁大学旧址

- 20　**复旦大学**
  相辉堂 / 简公堂 / 寒冰馆 / 老校门 / 子彬院 / 奕柱堂 / 理科图书馆 / 原上海医学院第一教学楼 / 松德堂

- 26　**上海交通大学**
  老校门 / 老校门局部 / 体育馆 / 中院 / 新中院 / 新上院 / 工程馆 / 老图书馆 / 总办公厅 / 大礼堂 / 科学馆

- 31　**同济大学**
  国立柱 / 文远楼 / 大礼堂 / "一·二九"大楼

- 35　**华东师范大学**
  文史楼大门 / 文史楼 / 丽娃河 / 小礼堂 / 红楼 / 理科三馆 / 毛泽东像

- 38　**华东政法大学**
  怀施堂 / 思颜堂 / 交谊楼 / 斐蔚堂 / 思孟堂 / 体育室 / 树人堂 / 格致楼 / 西门堂 / 老图书馆

- 43　**上海理工大学**
  思晏堂 / 思裴堂 / 体育馆 / 格致堂 / 思伊堂 / 思孟堂 / 思雷堂 / 湛恩纪念图书馆 / 大礼堂与思魏堂

- 48　**上海音乐学院**
  上海犹太俱乐部 / 上海犹太俱乐部大门 / 爱庐

- 50　**上海戏剧学院**
  熊佛西楼 / 熊佛西楼一角

- 51　**上海体育学院**
  原中华民国上海市政府大厦

- 52　**南京大学**
  北大楼 / 大礼堂 / 小礼堂 / 老图书馆 / 东大楼 / 西大楼

- 57　**东南大学**
  南大门 / 大礼堂 / 老图书馆 / 梅庵 / 体育馆 / 中大院 / 健雄院

- 61　**南京师范大学**
  华夏图书馆楼 / 会议楼 / 科学馆 / 文学馆 / 400号楼和500号楼 / 大礼堂

- 65　**苏州大学**
  老校门 / 钟楼 / 钟楼特写 / 精正楼 / 子实堂 / 葛堂 / 圣约翰堂 / 维格堂 / 司马德体育馆

- 70　**浙江大学**
  慎思堂 / 钟楼 / 上红房、下红房 / 都克堂 / 东斋、西斋

- 75　**安庆师范学院**
  省立安徽大学教学楼 / 敬敷书院

目 录

77 武汉大学
校门牌楼 / 樱顶宿舍 / 老斋舍 / 老图书馆 / 工学院 / 理学院 / 宋卿体育馆 / 半山庐 / 十八栋

85 湖北中医药大学
圣诞堂 / 翟雅各健身房 / 文学院 / 理学院

88 厦门大学
群贤楼群全景 / 芙蓉楼群一角 / 芙蓉楼群局部 / 建南楼群 / 建南大礼堂 / 鲁迅纪念馆

93 集美大学
允恭楼群 / 尚忠楼群 / 科学馆

97 福建师范大学
胜利楼 / 民主楼 / 和平楼 / 应用科学技术学院 / 音乐学院楼群（一角）/ 音乐学院楼群 / 协和学院大楼

100 南开大学
思源堂

101 天津外国语大学
主楼 / 北疆博物院

104 河北工业大学
北洋工学院南楼 / 团城

106 山东大学
校友门 / 号院 / 麦考密楼 / 水塔 / 葛罗神学院 / 康穆堂 / 圣保罗楼 / 南关基督教堂 / 共和楼 / 考文楼和柏根楼 / 景蓝楼

112 中国海洋大学
六二楼 / 海洋馆 / 水产馆 / 胜利楼 / 科学馆 / 地质馆

115 四川大学
第十教学大楼 / 嘉德堂 / 苏道璞纪念堂 / 柯里斯纪念楼 / 合德堂 / 古物博物馆 / 教育学院 / 万德堂 / 华西协和大学图书馆及博物馆 / 华西华西协和大学老校门 / 怀德堂 / 办公大楼

124 重庆大学
理学院 / 理学院一隅 / 工学院 / 寅初亭

128 中山大学
马丁堂 / 黑石屋 / 黑石屋正面 / 怀士堂 / 大钟楼 / 陈寅恪故居

132 华南理工大学
建筑红楼 / 法学院 / 文学院 / 石牌坊 / 日晷台 / 体育馆

137 华南农业大学
理学院生物地质地理教室 / 农学院农学馆 / 理学院物理数学天文教室 / 石坊钟亭

139 哈尔滨工业大学
主楼 / 校部楼 / 土木楼 / 土木楼背影

142 哈尔滨医科大学
主楼正面 / 主楼 / 解剖学馆

143 黑龙江大学
主楼

144 吉林大学
原日伪新宫内府 / 牡丹园鸣放宫 / 原"伪满"国务院 / 原"伪满"八大部

147 东北电力大学
石头楼

Contents

148 辽宁大学
机关楼 / 外语楼

150 沈阳农业大学
1952楼

151 东北大学
建筑馆 / 冶金馆 / 机电馆 / 采矿馆

154 河南大学
校门 / 博文楼 / 博雅楼入口 / 博雅楼 / 贡院碑 / 大礼堂

158 湖南大学
岳麓书院 / 红叶亭 / 大礼堂 / 科学馆 / 老图书馆

162 中南大学湘雅医学院
校长办公楼 / 外籍教师楼

164 西安交通大学
钱学森图书馆正门 / 钱学森图书馆

165 西北大学
大礼堂 / 少帅题词的纪念碑

166 兰州大学
至公堂 / 积石堂

168 太原师范学院
西学专斋

169 云南大学
会泽院 / 至公堂 / 考棚 / 云南第一天文点 / 熊庆来、李广田故居 / 钟楼 / 映秋院 / 泽清堂 / 理科实验楼

174 云南师范大学
梅园、砚池 / 民主草坪 / 西南联大旧址

176 香港大学
本部大楼 / 本部大楼局部 / 大学堂 / 邓志昂楼 / 孔庆荧楼 / 美术博物馆 / 梅堂

179 台湾大学
校史馆 / 行政大楼

181 附录一 近代中国教会大学建筑风格流变

183 附录二 墨菲：中西合璧的民国大学建筑大师

185 附录三 老建筑里传出的大学校歌

187 附录四 1952年中国高校院系大调整综述

引 论

空间比时间厚重 时间比空间永恒
——大学建筑与人文的互动共生关系

天地悠悠,学府巍巍。大学,教育机构之最高建制,在由空间和时间构筑的人类文明史上,它是知识的酵母,是智慧的高地,是文化的熔炉,是科学的源泉。大学校园由建筑环境和人文环境构成,建筑环境是人文环境的载体,人文环境是建筑环境的升华。建筑的厚重承载着时间的流逝,流逝的时间凝结着文明的记忆,这种记忆突破空间的束缚,成为永不泯灭的历史存在。

空间是建筑的核心,是建筑的本质特征,人类依托空间与世界进行沟通,推动生命的开放和拓展。大学的空间,以其厚重包容着人文的生成。

建筑承载着历史

建筑的历史和人类的历史一样漫长,建筑是时代的一面镜子,岁月是最高明的设计师,它以独特的艺术语言熔铸和反映一个时代、一个民族的审美追求。建筑艺术在其发展过程中,不断彰显着人类创造的物质文明和精神文明。

建筑是凝固的音乐,是立体的画,是无形的诗。建筑是石头写成的史书,矗立在大学校园中的建筑,是大学发展历程的亲历者和见证人。硕学鸿儒在大学中继承往圣绝学,莘莘学子在大学里体悟天地之道,在未名湖畔,在丽娃河边,在清华园中,在相辉堂前,有儿女情长,有家国情怀,有理想和抱负的最深刻记忆。史学家何炳棣曾感叹道,如果我今生曾进过"天堂",那么"天堂"只可能是1934到1937年间的清华园。故地的建筑,承载着对往昔的追忆、对历史的眷恋和对母校浓烈的爱与绵长的情。

建筑滋养着文化

建筑是一种生产活动,又是一种文化现象,建筑是外在的精神,建筑是无声的指引。建筑在日常生活中随处可见，以致让我们常常忘记它是一种艺术，而且这种艺术左右着我们的审美取向，无论美丽或丑陋，我们无法对它视而不见。

建筑体现着文化。李约瑟曾这样评价故宫：中国建筑将对自然的谦恭情怀和崇高的诗意组合起来，形成任何文化都未能超越的有机图案。宏大的建筑，展现宏大的精神；美好的建筑，能够陶冶人的情操。歌德曾有言：在罗马圣彼得教堂的柱廊里散步，就像是在享受音乐的旋律。学生周围的世界，是生动思想的源泉，斯坦福大学首任校长大卫·乔丹说，长长的边廊和庄重的列柱也是学生教育的一部分，院中的每块石头都能教导他们知道体面和诚实。大学里的活动空间，都是"思想和知识的中心"，通过匠心独运的建筑设计，能够激发交往行为、诱发文化行为、鼓励人文活动、滋养大学文化。中国古代书院，择胜地，依山林，有荟萃文物，有圣贤之书，故能洗炼情操、涤荡人心。雄壮起伏的珞珈山，塑造了武汉大学典雅凝重的精神品格；幽深的岳麓山，蕴藏着"惟楚有才"的豪迈之气。建筑是人文的催化剂，美好的校园建筑有助于使学生养成良好的道德品行、正确的价值观念、健康的审美情趣和科学的思维方式。在东西文化的交融中，在传统现代的碰撞中，大学文化得以自由生长。

建筑传承着文明

人类文明的进化与建筑风格的演变，存在着天然的相关性。建筑艺术是社会文化之最，是人类最复杂、最持久的一种造型艺术，每个伟大的文明和时代都把自己的精神凝结在建筑之上，反映着社会生活的各种理想。雨果说，人类没有任何一种重要的思想不被建筑艺术写在石头之上。丘吉尔曾说过，先是人类塑造了建筑，然后建筑反过来塑造了人类。美国建筑师墨菲，众多民国时期大学建筑的设计师，以中国固有之建筑形式，在东西文化的激荡中传承着中国传统。北大红楼，在遮蔽风雨的同时，也带来了民主和科学的萌芽。建筑是人类思想的纪念碑。富有个性的建筑，以其无声的语言诉说着大学的历史传统与人文精神。层次多变、形式丰富的建筑，滋养着年轻学生的思维，使他们意气风发、充满创造激情。

时间是过程的记录，是存在的表征。通过时间，建筑与世界的过去和未来相连接。时间的积淀，造就了人文的沉淀、累积和延续。

人文赋予建筑意义

人是万物的尺度，是宇宙的灵秀。没有人，天地间就没有是非，寰宇中即无谓善恶。人是建筑的目的。英国哲人培根有言：修造房屋是为了让人居住，而不是供人观赏。建筑的设计制造是科学理性的工作，而其使用过程则糅合进人的情感因素。人的情感和理性渗透到建筑中，才使建筑从技术层面升华到艺术层面。建筑是日常工作生活的空间，但只有当它存放着人的回忆和想象时，它才能在生活的历史中留有一席之地。建筑与人的存在有天然的联系，人内心盼望与自然气息相通，渴望自己生活的空间富有意义。如果仅仅把建筑作为"物"来看待，建筑便会失去与人类生活的联系，也就无法获得人的认同和共鸣。

人文积淀建筑内涵

建筑反映着人的生活，只有从人的角度来看，才能发现建筑的意义和价值。没有人的生活，建筑就如同没有演出的舞台、没有读者的书籍。人总是在一定的建筑环境中生活，人的生命活动与建筑的联系极为密切。人在生活中认识建筑、体验建筑、评价建筑甚至批判建筑。建筑这一概念的内涵要比"房屋"丰富得多，建筑在满足人类基本居住需求的同时，更包含着人对文化的追求。建筑的本质，是人创造的物质内容和精神内容的结合体。建筑问题，不只是一个工程问题，而是一个社会问题，归根结底是人的问题。梅贻琦说，所谓大学者，非谓有大楼之谓也，有大师之谓也。如果没有大学的人文因素，宏大的建筑不过是一堆钢筋水泥。每一段名人轶事，每一则历史掌故，都在给大学老建筑增添风采，即便是燕园中的供水塔，也萦绕着大学的博雅之气。大学老建筑渗透着对传统文化的理解和感悟，散发着雍容大度而又舒卷自如的人文之气，展示着历久弥新的大家风范。

人文营造建筑诗意

　　一切艺术都是生活的艺术。建筑活动也是一种艺术活动，它的终极使命是抗拒人性的沦落与异化，重铸人类对真善美的追求。虽然建筑无处不体现着数学的理性和力量的张扬，但只有当人的灵性施加于建筑之中，建筑才化为一首哲理诗。没有朱自清的《荷塘月色》，近春园将顿失灵气。海德格尔认为，绘画、雕塑和建筑必须回到诗。人类对居住的最美想象，便是诗意地栖居在大地之上。建筑的人文价值和人文属性，需要通过人的生活来实现。建筑是无形的诗，当人们在其中自由地生活，建筑便灵动起来，成为流淌的诗篇。生活和故事营造着诗的意象，给空间增添了时间上的美感，让大学里的老建筑成为一种"能让身体和精神一起住进去的场所"，大学的傲然风骨，便永久栖居在这诗意的梁柱之上。

撰文 / 徐卓斌
摄影 / 贾连翔 张钊

北京大学

西门

北京大学创立于1898年，初名京师大学堂，是维新变法的产物，是中国第一所国立大学，也是中国近代史上正式设立的第一所综合性大学。它的成立标志着中国近代高等教育的开端。辛亥革命后，京师大学堂更名为北京大学。1917年，蔡元培出任北京大学校长，循思想自由原则，取兼容并包主义，厉行改革，北京大学从此日新月异，一直为中国大学之精神领袖。

今日北大的主校区实际上是昔日燕京大学的所在地。北大搬迁缘于1952年的院系大调整，如果要追根溯源，目前北大的老建筑，以及那些附着于老建筑的名人轶事，相当部分是燕京大学的旧物、旧人、旧事。

北京大学的校园是明清时期北京西郊著名园林区的一部分，北邻圆明园遗址，西对颐和园、玉泉山，东边和清华园相接。明朝末年，书画家米万钟在此地创建勺园，清代在此基础上进行了营造开发。风光秀美的未名湖一带，在清代原称淑春园，在其周围有恭亲王的朗润园、醇亲王的蔚秀园、惠亲王的鸣鹤园、庄静公主的镜春园。民国后，燕京大学以此为主体建设校园，因此也被称为燕园，尽管今日燕大已不复存在，但仍从旧称。

燕园建筑群的设计出自耶鲁大学毕业的美国建筑设计师墨菲（Murphy）之手，虽然燕大是教会大学，但墨菲喜爱中国古典建筑风格，且深谙中国古典建筑设计和古典造园手法，因此在规划时，将校园的主轴线指向玉泉山上的塔，主要建筑和湖都在主轴线上。这条主轴线由当时的主楼贝公楼定位，跨石桥，穿西门，直指京西玉泉山顶，使未名湖畔的博雅塔与玉泉山上的玉泉塔遥相对望，形成借景关系。建筑群外观方面，尽量遵循中国古典建筑风格；内部使用功能方面，则采用当时最先进的设备，暖气、热水、抽水马桶、浴缸等一应俱全，达到了古典与现代、观赏与实用的完美结合。

西门

西门是北大的正门，原是燕京大学的主校门，由燕京大学校友捐资修建，故又称之为"校友门"。此门系中国古典风格，红墙朱门，石狮镇守，门上所悬匾额"北京大学"四字，遒劲有力，出自毛泽东之手。西门已成为北大标志性建筑之一，是北大的"脸面"，亦是中外来客必游之地。

博雅塔

博雅塔

　　塔在中国传统建筑文化中可看作是笔的拟制物，象征着读书人的优雅和品格。北大校园的塔名为"博雅"，富含文化意蕴，但实际上它的真正功能是一座水塔，建于1924年，主要由燕京大学哲学系教授博晨光（Lucius Porter）的叔父捐资兴建，故命名为"博雅塔"。此塔位于未名湖东南，仿通州燃灯古塔，取辽代密檐砖塔样式建造，设计构思匠心独运，是使用功能、艺术品位、环境和谐高度统一的建筑杰作。北大素有"一塔湖图"的说法，"塔"即指博雅塔，"湖"即为未名湖。博雅塔与未名湖交相辉映，刚柔相济，造就了中国大学校园中一处象征中国知识分子"为往圣继绝学，为万世开太平"的使命的绝景。

朗润园

朗润园

朗润园是恭亲王奕䜣尚是皇子时候的园林,是典型的皇家四合院风格。园中有一小湖,主体建筑为白墙青瓦,或许是后世修葺的结果,少了些皇家的富贵气象,多了些书卷气息。现为北大中国经济研究中心所在地。

办公楼

鸣鹤园

办公楼

北京大学办公楼建成于1926年，曾以燕京大学前身之一——汇文大学堂第二任校长贝施德(James White Bashford)的名字，命名为"施德楼"，又称"贝公楼"。目前该楼内的一楼是党委和校长办公室及下属各单位办公场所，二楼是办公楼礼堂。礼堂内有900多个坐席，内部装饰以宫灯、彩绘，以红色为主色调，契合北大古朴典雅的整体风格。礼堂见证了燕京大学、北京大学的许多重要历史事件。1949年后，周恩来、江泽民、克林顿、普京、施罗德、萨默斯等中外领导、各国政要以及许多著名的科学家都曾在这里作过演讲。办公楼前草坪上的一对华表、楼前的麒麟和丹墀，都是圆明园留下来的遗物。

鸣鹤园

鸣鹤园位于北大西门内北侧，现存的是当年被誉为京西五大邸园之一的鸣鹤园的遗址。鸣鹤园本属春熙园，是圆明园附属园林之一，乾隆皇帝曾将此园赐予宠臣和珅，成为淑春园的一部分。嘉庆时又将淑春园一分为二，东部较小园区赏赐给嘉庆四女庄静公主，名"镜春园"，西部较大园区赏赐给嘉庆五子惠亲王绵愉，即为鸣鹤园。

临湖轩

临湖轩原为燕京大学校长司徒雷登住宅，部分也作为燕京大学接待贵宾和开会的地方。司徒雷登与中国渊源极深，他早在1919年就出任了首任燕京大学校长。更鲜为人知的是，他本人出生在中国杭州，经中国政府同意后，近年归葬于出生地。另一位曾居住于此的著名人物是马寅初，他1949年后出任北大校长，作为著名的经济学家，在人口问题上与毛泽东意见相左，受到批判。"临湖轩"这一名字是作家冰心命名的，现为北京大学贵宾接待室。

临湖轩

档案馆

今天的北京大学档案馆即燕京大学图书馆，是由托马斯·贝利（Thomas Berry）夫妇的三个女儿为完成父母的遗愿——"在全中国推广学习"而捐款五万美元仿文渊阁风格兴建的。作为图书馆或档案馆使用，虽然外观略显贵气，倒也恰如其分，因文渊阁本就是宫中藏书的所在。

档案馆

红楼

治贝子园

红楼

红楼是老北大所在地，位于北京城中心地段，与燕园相隔甚远，目前产权已不属于北大，但因其在北大历史上地位重要，在此须记上一笔。此楼建于1918年，为"工"字形，共四层，入口处由柱廊围成门厅，柱头承托起二层的外挑阳台，正中屋顶处有一座三角形山墙与檐部相连。整座建筑外观严谨大气，古典气息浓郁，因用红砖砌筑，外墙呈红色，人们称其为"红楼"。在中国近代史上，红楼见证了许多重要事件和人物。1918年，李大钊在此楼内写下《庶民的胜利》、《我的马克思主义观》等文章，五四运动后在这里创办了北方第一个共产主义小组——"北京共产主义小组"。1919年5月4日，北大学生就是从红楼出发到天安门广场示威游行的。毛泽东早年曾在红楼图书馆工作。红楼内还有新潮社、国民杂志社、新文学研究会、哲学研究会等文化研究团体，《新潮》、《国民》、《每周评论》等刊物就在位于红楼地下室的印刷厂印刷。红楼曾为国家文物局办公楼，现为北京新文化运动纪念馆。

治贝子园

治贝子园名声算不上显赫。与燕园内其他皇家遗存不同，治贝子园显得平民化，以平房、四合院为主，只有从那红墙朱门中还看得出一些府第的色彩。实际上贝子的身份在清朝皇城确实不算显赫，必须得低调。治贝子园现为北大老子研究院、中国哲学暨文化研究所。

撰文/徐卓斌
摄影/郭海军 吴倬

清华大学

清华大学前身是始建于1911年的清华学堂，当时是由美国退还部分"庚子赔款"后，由清政府建立的留美预备学校。1912年更名为清华学校，1925年设立大学部，开始招收四年制本科大学生，并开设研究院，正式成为严格意义上的现代大学，1928年更名为国立清华大学。

同北大相类似，清华的建校实际始于辛亥革命前，其校址由外务部、学部共同奏报朝廷恩赐，清廷将位于北京城西北部的皇家园林清华园拨用，这就是清华校名的由来。清华园始建于康熙年间，是熙春园的一部分，咸丰皇帝登基后定名为"清华园"。"水木清华"四字典出东晋谢叔源的《游西池》诗："景昃鸣禽集，水木湛清华。"

1952年院系大调整中，清华被定位为工科大学，人文社会学科悉数分离。在此后数十年中，清华培养的工程技术人才在新中国建设中大展身手，许多人脱颖而出，有些进入国家领导人行列。有统计称，新中国历史上毕业于清华大学的正省、部级干部即达到300余人。20世纪90年代之后，清华致力于建设综合性大学，加大对新闻传播、法学、人文学科的投入，又渐成文理综合之势，它与北大一起，在中国大学之林双峰并峙。

清华学堂

清华学堂位于大礼堂草坪的东南方，德国古典风格，建于1911年，是建校初期新建的首批主体建筑。建筑平面呈"L"型，转角处主设入口，拱形大门居中，方形小窗位列两侧。二楼设阳台，护栏采用环环相扣的装饰样式，两侧用圆柱支撑，与大门圆柱风格相同，正中匾额上书"清华学堂"四字。建筑主体用青砖砌筑，总面积4600余平方米。

清华学堂历史上特别值得记一笔的是国学研究院。1925年，学校在此设立国学研究院，著名的清华"四大导师"——梁启超、王国维、陈寅恪、赵元任等在此任教，考古学家李济、文学家吴宓等也在此讲学，形成了"清华学派"。

清华学堂

20世纪50年代以后，这座建筑成为清华大学建筑系的教学办公楼，梁思成在此留下足迹。建筑在"文革"中遭到一定程度破坏，"文革"结束后，校方进行了修缮，主体部分基本保留。目前这座建筑是学校研究生院、教务处、科技处、注册中心等机构的办公场所。不过令人遗憾的是，在仅距清华百年校庆5个多月的2010年11月13日凌晨，清华学堂意外失火，几乎对建筑物造成了毁灭性打击。

大礼堂

大礼堂坐落于校园西区的中心地带，与图书馆、科学馆和体育馆合称"四大建筑"，建筑面积约1840平方米，座位1200个，被清华师生视为坚定、朴实、不屈不挠的象征。大礼堂始建于1917年，由美国建筑设计师墨菲和达纳设计，是一座罗马式和希腊式混合风格的建筑。

大礼堂

近春园

近春园荷塘之夏

同方部

近春园

　　近春园原是康熙时期熙春园的中心地带，曾是清朝咸丰皇帝的旧居。1860年，英法联军侵入北京，火烧圆明园，近春园内所有房屋被化为灰烬，沦为"荒岛"。清华教授朱自清的名篇《荷塘月色》描述的即是此园的夜色。

同方部

　　同方部是与清华学堂大楼同期的建筑，在大礼堂建成前，此处作为礼堂使用，还曾长期作为每年农历八月二十七日祭祀孔子的地方。1923年起，此处改称同方部，名字取自《礼记》，意为"志同道合者相聚之地"，英文名为social center，作为课外活动场所，常开展讲演、聚会和社团活动。

科学馆

科学馆与同方部隔草坪相望，始建于1917年，由美国建筑设计师墨菲设计，公顺记营造厂施工，1919年竣工。总建筑面积3550平方米，高三层，框架结构，外墙红砖砌筑，中部设主入口，门额上有铁铸的汉文"科学"和英文"SCIENCE BUILDING"字样。科学馆是理科教学和实验的场所，设备先进齐全，为国内领先的物理、化学教学和实验基地，长期被作为物理系馆使用，成为中国现代科学的摇篮。目前，该建筑是著名科学家杨振宁和林家翘回国工作后创建的两个研究中心（即高等研究中心）办公地。周培源应用数学研究中心科研办公地点亦设在此处。

二校门

此门为巴洛克风格，立面三开间，正中为半圆形大拱门，两侧开间为小拱门。墙壁刻有凹槽，上方的墙体从高处弯曲滑下，在端点处汇成涡卷状。墙体主色调为乳白色，正中门匾上书的"清华园"三字，出自清末军机大臣那桐之手笔。"文革"期间该门被毁，现存的实际上是"文革"后重建的。这座校门被视作清华大学的重要标志，堪比北大的西门。

科学馆

二校门

"水木清华"匾

水木清华

水木清华

"水木清华"可以说是清华大学校名的由来,同时也可对应清华大学最具实力的学科——水利和土木工程专业,经常被人们用来指代清华大学。"水木清华"是清华园内一处胜景,地处工字厅后门外,有江南园林意蕴。建筑物亦是皇家风范,正门匾额上书"水木清华"四字,典出东晋谢叔源诗:"惠风荡繁囿,白云屯曾阿,景昃鸣禽集,水木湛清华。"门两边朱柱上悬有清道光进士,咸丰、同治、光绪三朝礼部侍郎殷兆镛撰书的名联:"槛外山光,历春夏秋冬,万千变幻,都非凡境;窗中云影,任东西南北,去来澹荡,洵是仙居。"

古月堂

古月堂

　　古月堂建于清道光年间，与工字厅西院一巷之隔，总建筑面积约670平方米。该建筑外观极为朴实，不用说在皇城北京，即使在清华园内，比它富丽堂皇的中国古典建筑也不在少数。不过，此地留下过大学者的生活足迹，梁启超、朱自清等曾在这里居住。现为校总务机关办公地。

图书馆

　　1916年，清华开始建设公共图书馆，由美国建筑设计师墨菲设计，1919年3月竣工。总建筑面积2114.4平方米，红砖砌墙，拱形门窗，有牛腿支撑并装饰，全馆地面用软木和花石铺就，建材多使用美国进口产品。1930年3月扩建图书馆，于1931年11月竣工，由清华校友、近代中国著名的建筑设计师杨廷宝主持设计，巧妙利用了原建筑格局，新建了一座高四层、与原建筑呈45度角的中楼，将两座建筑连接在一起，风格一致，天衣无缝。面积增至7700平方米，可藏书30万册，有阅览座位700席。朱自清曾担任图书馆委员会主席。抗战期间，清华图书馆曾被日军用作战地医院。

图书馆

体育馆

体育馆

体育馆建于1919年，总建筑面积4000余平米，由美国建筑设计师墨菲设计，泰来洋行施工，古典主义风格，原称清华体育馆，现为西区体育馆前馆。体育馆高两层，主入口处设花岗岩柱廊，柱廊上方是阳台。建筑为红砖砌筑，屋顶是双坡红顶。为表达对美国退还"庚款"行为的肯定，建馆初期它被命名为"罗斯福纪念馆"。馆内有篮球场、手球场、悬空跑道以及各种运动器械，还有暖气、干燥设备，附设室内游泳池，在当时属一流水准。日军曾把它改作为马厩。20世纪50年代，中南海室内泳池还未建成时，毛泽东曾多次来此游泳。

生物学馆

生物学馆建于1930年，资金源于美国洛克菲勒基金会捐款7.5万元，建筑总面积4220平方米，现代主义风格，细部装饰带有中式传统。楼内的布局采用中廊式小空间，北入口处设大台阶，直上二层，二层中央是陈列室和研究室，底层是阶梯教室，三层南面设计了玻璃顶温室。该建筑最初是生物学系和生物学研究所的所在地，馆内设有实验室以及动植物标本室、植物培养室等。

天文台

现在的天文台是在老气象台的基础上改建的。气象台建于1931年，由杨廷宝设计，供地学系使用。建筑为钢筋混凝土平板基础，平面呈八角形，高24米，共五层，底层为天文钟室，顶层设有办公室，内设旋转楼梯，顶部圆形屋顶，用作天文观象。气象台内有测气压、风、温度、湿度、降水量等仪器，后又添置了赤道望远镜等当时先进的仪器。1997年，气象台更名为天文台，由建筑系关肇邺院士负责修复设计，在原气象台的基础上增加一层，加上白色八角形的外观，在新天文台的可转动圆顶中安装天文望远镜，以作天文教学用。

生物学馆

天文台

中央民族大学

撰文／徐卓斌
摄影／贾连翔

中央民族大学的前身是1941年9月中国共产党在延安创办的民族学院,是中国少数民族教育的最高学府,不少中国少数民族高级人才学成于此。中央民族大学1978年被批准为国家重点大学,1999年、2004年先后进入"211工程"和"985工程"国家重点建设大学行列。该校拥有中国五十六个民族的师生员工,是唯一一所中国"211工程"、"985工程"重点建设的民族院校。

大礼堂

大礼堂

中央民族大学大礼堂是20世纪五六十年代建筑的典型代表，采用当时极为流行的红梁、灰砖、瓦盖风格，古朴清幽，庄严典雅。该建筑走向采用南北厢房式，压在整个校园的中轴线上，是整个大学校园的中心，其他建筑以此为参照物，在中心线上呈对称分布。大礼堂正门朝南，两边配有四个小门。内设2000个座位。中央民族大学的优秀老建筑，包括16号楼和3号楼，均出自梁思成之手。

16号楼

中央民族大学16号教学楼也是典型的中国大学早期风格建筑，外形古色古香，门前两棵高大银杏树，衬托其古朴典雅。该楼主要用途为教学以及原外语学院办公。

3号楼

3号楼为校办公楼。建筑风格与大礼堂、16号楼一脉相承，进门即可看到时任国务院总理的朱镕基为该校确定教学目标的题词——"为把中央民族大学建成世界一流的民族大学而努力奋斗！"

16号楼

3号楼

中央音乐学院

撰文 / 徐卓斌
摄影 / 贾连翔

中央音乐学院建于1950年，其前身是20世纪20年代至40年代的各具特色的几所高等音乐院系，1958年学院由天津迁至北京校址，此地为清代醇亲王府旧址，是清朝光绪皇帝出生地。该校是全国艺术院校中的国家重点高校和"211工程"建设大学，刘诗昆、殷承宗等音乐名家从这里走向世界。由于校址原为王府，因而王府建筑成为校园中一道独特的风景线。中央音乐学院可能是全国唯一一所校园原为王府且至今仍有少量保存完好的王府建筑的大学。这些建筑遗存历经几百年，经修缮仍然英姿挺立。比较遗憾的是，如今校园内现代建筑与古典建筑并存，显得有些风格混杂，大概这也是所有校园老建筑要面对的问题，毕竟建筑是离不开其使用功能的，随着大学的发展，增加新的建筑物是不可避免的。

王府大殿

王府大殿

醇亲王府在清朝历史上两度"潜龙",是光绪和宣统的出生地。中央音乐学院对大殿进行过重修,目前多用于举行重要活动。

音乐厅

音乐厅将古典建筑部分作为其入口门厅,似乎展示着一种中国风格、中国气派。中国音乐史上许多重要事件在此发生,许多重要人物从此走向世界。

音乐厅

音乐厅正面

中央戏剧学院

撰文 / 徐卓斌
摄影 / 贾连翔

中央戏剧学院成立于1950年，前身是延安鲁迅艺术学院、南京国立戏剧学校，是中国戏剧影视教育的中心，培养了众多著名艺术家和演艺明星。

正门

撰文 / 徐卓斌
摄影 / 贾连翔

北京师范大学

辅仁大学旧址

北京师范大学的前身是1902年创立的京师大学堂师范馆，1908年改称京师优级师范学堂，独立设校。1912年改名为北京高等师范学校。1923年更名为北京师范大学，成为中国近代第一所师范大学。1931年、1952年北平女子师范大学、辅仁大学先后并入北京师范大学。百余年来，北京师范大学始终同中华民族争取独立、自由、民主、富强的进步事业同呼吸、共命运，在五四运动、"一二·九"运动等爱国运动中发挥了重要作用。以李大钊、鲁迅、梁启超、钱玄同、吴承仕、黎锦熙、陈垣、范文澜、侯外庐、白寿彝、钟敬文、启功、胡先骕、汪堃仁、周廷儒等为代表，一大批名师先贤在这里弘文励教。2012年，该校校友莫言获得诺贝尔文学奖，成为首位中国籍诺贝尔文学奖获得者。

辅仁大学旧址

辅仁大学是中国近代著名的教会大学，1920年，教皇令教廷出资10万元，由美国本笃会负责筹办。1925年，美国本笃会神父奥图尔赴华担任校长，在涛贝勒府开办公教大学，名为辅仁社，由英敛之担任社长。1927年，北洋政府核准成立辅仁大学，设四个本科专业，学校与北大、清华、燕京并称为北京四大校。抗战期间，学校因有教会背景得以继续开办，并坚守三项原则：行政独立、学术自由、不悬伪旗，积极招收沦陷区失学青年入学，维系着沦陷区内的高等教育事业。1952年，辅仁大学并入北京师范大学，原址为北京师范大学化学系用房，现为北京师范大学继续教育学院。

辅仁大学旧址建于1930年，建筑风格中西合璧，建筑面积约4600平方米，外墙采用磨砖对缝砌造，墙身厚重。入口设汉白玉大拱门，屋顶上是三个组合在一起的歇山顶。建筑四角建歇山式角楼，立面构图充分使用了中国古典建筑的手法，有绿琉璃屋顶、汉白玉须弥座，杂有南方封火墙、封檐板和小泥仿木斗拱。

复旦大学

撰文 / 王天广
摄影 / 王轶颀

复旦大学创建于1905年,原名复旦公学,创始人为中国近代著名教育家马相伯。校名"复旦"二字选自《尚书大传·虞夏传》中"日月光华,旦复旦兮"的名句,意在自强不息,寄托当时中国知识分子自主办学、教育强国的希望。2000年,复旦大学与上海医科大学合并后,现有四个校区,分别为邯郸校区、枫林校区、张江校区和江湾校区。历史悠久的老建筑主要集中在邯郸校区,相辉堂、简公堂、寒冰馆和子彬院这些古朴的建筑,记录了复旦百年发展的风雨,承载了复旦百年不变的追求。它们在浓郁的书香氛围中,在醉人的绿树掩映下,依然洋溢着蓬勃的生机与活力。

相辉堂

复旦大学相辉堂,原名"登辉堂",建于1947年,是复旦大学校园内最具历史意义的建筑之一,被誉为复旦人共同的精神家园。其命名来源于马相伯和李登辉两位先生。马相伯是复旦的创始人,李登辉是复旦的重要建设者,相辉堂是复旦人对他们永恒的纪念。

相辉堂位于复旦大学邯郸校区的中西部,是在原男生第一宿舍的废墟上建造起来的。第一学生宿舍建成于1922年,日军侵华时遭日寇轰炸,成为废墟。抗战胜利后,1946年重庆复旦大学和上海复旦大学合并,成为国立复旦大学。为报答恩师李登辉为复旦大学所作的贡献,时任校长章益向各地校友募集了三十余两黄金的颐养金,准备献给已近晚年的老校长。李老校长得知此事后,坚决拒绝接受这笔钱。经过协商,复旦大学决定扩大募捐,用这笔钱修建登辉堂,以纪念李老校长对复旦的巨大贡献。

1947年初夏,登辉堂在废墟上展现新容。7月5日,李老校长在这里作了最后一次讲演。他满怀深情地对复旦学子说,你们现在穿的是学士制服,"你们穿过了以后,应当是一个有学问的人,应当从此对国家有所贡献","一个大学毕业生"应当为社会服务,为人类牺牲","服务、牺牲、团结,是复旦的精神,更是你们的

相辉堂

简公堂

责任"。

"文革"期间,登辉堂被改名为"大礼堂"。在复旦校庆八十周年时,为了永远纪念马相伯和李登辉两位先生,又改称"相辉堂"。在复旦大学,相辉堂不仅是全校师生集会的重要场所,而且还成为外国政要访华来沪发表演讲的重要场所之一。据不完全统计,在相辉堂作过演讲的国际知名人物,先后有苏联最高苏维埃主席伏罗希洛夫、法国总统德斯坦、法国共产党总书记马歇、美国总统里根等。因此,相辉堂不仅见证了复旦大学半个多世纪的风雨沧桑,也记载了时代发展的风云变幻。它所承载的意义,已不再局限于复旦园——它已经成为中国近现代史上的一个重要坐标点。

为迎接复旦八十周年校庆,相辉堂曾在1984年大修过一次,至今已有二十余年。相辉堂积淀了流逝岁月中的人文情怀,但它却无法掩饰历经风霜岁月的苍老痕迹——外观陈旧,设施落后,已不能很好地满足学校师生开展活动的需求,其修缮工作迫在眉睫。

当一些老复旦人得知相辉堂将大修的消息后,纷纷慷慨解囊。复旦大学网站上有这样一封校友来信:"复旦是我活着的精神支柱。我1934年1月生于上海虹口,'八·一三'淞沪抗战,复旦是战场。我现在是西安科技大学退休物理学教授,我和老伴都体弱多病,幼女顾美龄仍在西安科技大学读大四。我把总理给我们本月的生活补贴,作'相辉堂修缮'费用,计1435元。我们西安穷,千里送鹅毛,礼轻情意重,望收下。"这位老复旦人对相辉堂的深切情怀,读来令人动容,从中我们也可以看出,相辉堂作为复旦人精神殿堂的重要性。

简公堂

简公堂,建于1922年春,现为复旦大学博物馆。其命名,源于李登辉校长当年向南洋烟草公司简照南、简玉阶兄弟募资建造了这幢大楼。为了表示对简氏兄弟的感谢,命名为"简公堂"。简公堂为钢筋水泥二层建筑,外表为中国传统的宫殿式,飞檐鸱吻,金碧辉煌。简公堂当年落成时,是复旦校园里最壮丽、也是规模最大的教学楼。

对于简公堂,复旦学子甚为喜爱。1923年,复旦学生若鲁,借刘禹锡的《陋室铭》,写了一篇简公堂铭,文曰:"堂不在高,庄严则灵。层不在多,辉煌则名。惟兹课堂,几净窗明,草色侵阶绿,兰香入座清。教授多博士,往来尽学生。最宜讲西学,研中文。无尘市之器攘,与自然为比邻。遥瞻办公楼(奕柱堂),近瞩把翠亭。若鲁云:的确哄啥。"

简公堂建成后,除作教学用途外,还成为复旦大学一个非常重要的演讲之地,常常有国内著名学者来此演讲,一时盛况空前。例如,1923年4月,李大钊由北京抵沪,李登辉校长特地邀请他来校演讲,演讲题目是著名的《史学与哲学》。1927年11月2日,应陈望道校长邀请,鲁迅也曾来到复旦作演讲,演讲题目是《文学上标榜派别之不当》。李大钊和鲁迅,都是在简公堂楼上大教室作演讲的。1990年,复旦大学再次对简公堂进行全面改建和装修,将之改名为博物馆,成为复旦大学对外开展文化交流的一个重要平台。

寒冰馆

寒冰馆

寒冰馆，建于1924年，位于相辉堂东侧。该楼建成时为复旦第四宿舍，抗战胜利后，为纪念在日军轰炸中殉难的孙寒冰教授，更名为"寒冰馆"。在今天的复旦园中，寒冰馆只是一幢普普通通的大楼。但是，看似普通的寒冰馆，却有着辉煌的过去，它经历过战火的洗礼，目睹过时代的变迁，成为复旦园中极具历史意义的建筑之一。

寒冰馆建成时，被誉为当时全国高等学校中"设备最新之寝所"，1937年"八·一三"淞沪抗战爆发，第四宿舍遭到大劫——虽然没有全被炸毁，但已受重创，后来不得不在修缮时改为三层。抗战全面爆发后，在1940年5月27日的日机轰炸中，时任教务长的孙寒冰教授等七人殉难。对此噩耗，复旦师生齐声哀悼。孙寒冰教授坚持真理，坚持民主，受到进步人士的怀念。郭沫若曾写挽诗云："战时文摘传，大笔信如椽。磊落余肝胆，鼓吹动地天。成仁何所怨，遗志正无边。黄桷春风至，桃花正灿然。"抗战胜利后，复旦大学迁回上海江湾原址，第四宿舍被改作教室。为纪念孙寒冰教授，该楼被命名为寒冰馆。这一命名，让复旦学子在面对残楼时，仍可怀念亡人，兴无穷之哀思，激愤发之壮志。

老校门

复旦大学的老校门，在邯郸路校区西部的零号门处，由李登辉始建于复旦迁址江湾的前一年，即1921年。1951年被拆除，2004年年底复建竣工。现时的老校门，是一座牌坊式的仿古式建筑：高6.1米，宽11米，芝麻灰色的花岗岩的基座，飞檐翘角，黑瓦白墙，庄重典雅而古朴；南北两面，衙门式杉木栏门的正中都是铜质正圆的复旦校徽；大门南面横匾上的校名，由1912年前在吴淞复旦公学毕业、其时留校的苏莘题写，笔力遒健、圆厚浑实。

老校门

子彬院

子彬院

子彬院，建于1925年，初为复旦大学心理学院，现为复旦大学数学系大楼。这是一栋被绿树掩映的淡灰色的四层楼宇，雍容典雅，仪态端庄，同周围的其他建筑相比风格迥异。它被复旦人亲切地称之为"小白宫"，意即其门庭的造型风格可与美国白宫相媲美。子彬院因其出资捐建者而得名。1923年，复旦学生郭任远留美获博士学位归国后，决定回母校执教。郭任远是行为主义心理学的追随者，回国以后颇有一番抱负。他想把心理学系扩充为心理学院，但是苦于没有房舍。1925年，他向其族叔、潮州巨商郭子彬募捐五万元，并亲自督工建造成了这座四层的楼房，供教学、科研之用，命名为"子彬院"。据当时的《申报》称，子彬院建成时，其建筑规模可以排在世界心理学院前三甲，仅次于苏联巴甫洛夫心理学院和美国普林斯顿心理学院。子彬院培养出了中国最早的一批心理学、生理学人才。

奕柱堂

奕柱堂

奕柱堂，建于1920年，共两层，因其捐资建筑人黄奕柱而得名。1929年，复旦大学投资扩建，在其左右两边扩出两翼，建成四面歇山、八角飞檐的小楼。抗战时，东侧屋顶被战火掀去一角，战后重又修复。奕柱堂位于邯郸校区西部，与相辉堂相对，是复旦邯郸校区现存最早的建筑，是复旦大学图书馆的发源地。今日的奕柱堂已修缮一新，为复旦大学校史馆所在，成为了复旦学子追忆先贤报效国家、关怀民生、执著科学、矢志人文精神的朝圣之地。

理科图书馆

理科图书馆，前身为戊午阅览室，由戊午级(1918年)学生集资购置图书建立，1922年正式建馆。该馆坐落在中央草坪西侧的望道路上，其建筑外形非常简单质朴。它与一街之隔的文科图书馆一起，构成了复旦大学最丰饶的精神源泉。进入复旦大学位于邯郸路的正门后，向左行，即可透过理科图书馆大大的落地玻璃窗，看见复旦莘莘学子埋头苦读的身影。百年复旦园，古朴而又充满朝气，见证着复旦学子度过每一个与书香为伴的晨昏。"博学而笃志，切问而近思"是复旦大学的校训。理科图书馆可以让你真切地感受到"江南第一学府"最质朴无华的一面。

理科图书馆

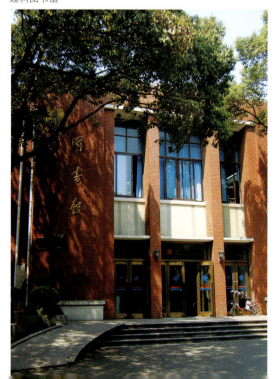

原上海医学院第一教学楼

上海医科大学前身是上海医学院，1927年在上海吴淞创建，时名为国立第四中山大学医学院，是中国国立大学创办的第一所医学院。1936年起，医学院建造上海医事事业中心，相继建造大小建筑15幢，主要有第一教学楼、工学楼、松德堂、职工宿舍等，在当时可称规模宏大。这些建筑中以第一教学楼规模最为雄伟，这是一座钢筋混凝土结构的中西混合式建筑。中央高四层，下三层为钢筋混凝土结构，第四层为木架梁，两翼高三层，建筑面积8727平方米。建筑平面为"凹"字形，左右对称布局，中间底楼有三券门，进入大门为大礼堂，高度贯至二、三层，两翼呈曲尺形，室内装饰亦为民族风格。中部为黄色琉璃瓦庑殿式屋顶，左右两侧楼为平顶，两侧翼顶端各有一四角攒尖方亭，与主体之间以廊道连接。建筑立面为机制红砖清水墙，细部用民族风情的花纹装饰。檐下架上施传统彩画图案，屋脊上之吻兽、门前之左右两尊石狮等，颇具中国清代官式建筑特色。楼前则是西方园林风格的巴洛克式庭院绿化和喷水池。2000年4月，上海医科大学和复旦大学合并办学，组建为新的复旦大学。两校合并后，为进一步丰富上海医科大学校史馆馆藏，更好地展现上医乃至中国近现代医学教育的历史，复旦大学组织力量开展了上海医科大学校史馆复馆工作，校史馆选址就在第一教学楼。

原上海医学院第一教学楼

松德堂

松德堂，现为复旦大学药学院药物分析研究室的教学办公楼，是上海医科大学药学专修科在1936年创建的教学楼。楼名为"松德堂"，是为纪念上海爱国实业家项松茂而命名的。松德堂当时构造分为两层，楼内上层靠西为大化验室，中间为穿堂。该楼外沿装饰有琉璃瓦，门厅是紫红色庭柱和画梁，拱式镂雕大门。楼门前有石笋、绿树点缀，显得庄重而典雅，与上海医科大学主楼（今东1号楼）相衬托，显得错落有致。

松德堂

上海交通大学

撰文 / 郭昭如
摄影 / 王轶颀

上海交通大学创办于1896年，前身为南洋公学，是我国建校历史最为悠久的高等学府之一。19世纪末，甲午战败，民族危难，盛宣怀在上海创办南洋公学。1910年代末叶，改名为南洋大学。1921年，改称为交通大学。解放前夕，广大师生积极投身民主革命，学校被誉为"民主堡垒"。新中国建立后，学校又为国家培养了一大批优秀人才，我国的两院院士中，交大的校友就达180多名。

交大的徐汇校区已成为交大历史的象征。跨进华山路的校门，老房子、新建筑交错比邻，随处可见岁月的厚重和沧桑，好似近代中国的"建筑博物馆"。1993年，学校被列为"上海市优秀近代保护建筑"单位。

老校门

建校初期，原校门为木质牌楼门，1935年改建成仿古宫殿式建筑。校门仿旧时京城宫门式样，朱门碧盖，颇为美观。该校门一直沿用至今。

老校门

老校门局部

体育馆

建于1925年,是全国高校建立最早的体育馆之一。该楼为三层钢筋水泥结构,楼层建筑面积为2957平方米,底层有小型游泳池、浴室、办公室及乒乓球室;二层有室内篮球场,南部有小型舞台,可供演出和集会用;三层为室内跑道,也可作为观赏球赛的看台。这样的设施在当时上海高校中是独一无二的。1898年,学校举行了第一次运动会,也是中国近代体育史上最早的运动会之一。

体育馆也是学校进行经济、文化交流活动的场所。1926年,为庆祝建校30周年举办工业博览会,在体育馆前架设轻便铁道,上有小火车往返行驶,轰动全市。1937年校庆,京剧名家周信芳在体育馆进行京剧公演,十分热闹。体育馆同时又是交大爱国民主运动的重要场所。1948年,上海万余学生在交大举行"反美扶日五四营火晚会",国民党上海市市长吴国桢提出"七质八询",声称要传讯学生,"彻查幕后操纵者"。为此,学生自治会邀请各方知名人士及大、中学生2000余人在交大体育馆举行"反美扶日公断会",吴国桢借口有事没有出席,陈叔通、史良、许广平等在会上慷慨陈词,全场欢呼声雷动,"公理必胜"的口号震动屋宇。在白色恐怖笼罩下,诸多社会知名人士前来支持学生运动,审判在任市长,在中国学生运动史上是从未有过的。

体育馆

大学里的老建筑

中院

新中院

中院

建于1899年，由第一任校长何嗣琨主持建造，是南洋公学时期的主要建筑物，也是交大校园内现存最早的建筑物，现存的"南洋公学中院"六字就是当初的楼铭。初建时为三层砖木结构，西式建筑风格，东西长60米，南北深30米，高21.48米，建筑面积为4950平方米，造价为49926.2两银元，供办公、师范班及中学部使用。建成以后，一楼二楼主要是教室，每间可容纳30人；三楼用作学生宿舍。此外，在一楼还设有一个小型食堂。1927年国民政府交通部下令停办中小学，原附属中学脱离交通大学，更名为南洋模范中学，中院遂成为大学教学及办公用房，但其名称一直沿用至今。李叔同、邹韬奋、黄炎培、邵力子、吴稚晖、钮永建、白毓昆、马衡、周厚坤、陆定一等曾在此楼学习过。1963年、1998年，中院分别经历两次大修，但都"修旧如旧"，还其本来面目：青砖外墙、红砖装饰线条、拱框门窗，配以华丽的窗饰，见证一段段历史沧桑。

新中院

建于1910年，为传统砖木结构的"外廊式建筑"。楼高两层，建筑面积为1250平方米，"口"字形平面，中央留有天井。青砖墙面，红砖腰线，外围有贯通四周的走廊。该建筑没有完全遵循西方外廊式建筑的做法，没有砖石柱廊和拱券，而是结合中国传统建筑木构梁柱体系的做法，以木制梁柱代替砖柱，简化结构，符合实际要求。更令人叫绝的是，中间设有中国传统民居的天井，自然随意地形成开阔的共享空间。斜顶是通透的玻璃棚，隐喻着"天人合一"的理念。天气晴好时，阳光直射而下，抬头看云卷云舒，任由思绪驰骋。该楼中西合璧，质料典雅，是校内第一幢独立的学生宿舍，建成后首先安排附中男生住宿，故名新中院。凌鸿勋、陆定一等曾在此楼居住过。建国后，新中院为适应新需求，建筑天井内的楼梯及玻璃顶被拆除，但是整体建筑风格和空间还是保护得很好。

新上院

新上院，原名上院，建于1900年，为三层楼房，顶层有钟楼，底层中部有一个可容纳500人的礼堂，是南洋公学时期的大学部，我国第一个商务班曾诞生于此。1911年12月底，孙中山赴南京就任临时大总统前夕，曾在这里向师生作过重要演讲。1947年至1949年，爱国学生在此楼组织过多次活动。1954年因旧楼年久失修，学校决定拆旧楼建新楼。新楼为四层楼房，总面积增至9746平方米，更名为"新上院"，是解放后该校建成的第一座规模较大的建筑，建成后一直作为学生学习和实验的重要场所。大大的门拱、拱内朱红色的大门、暗黄色的墙面使整栋建筑透出一股古色古香之气。

新上院

工程馆

建成于1932年，由张元济、王清穆、唐文治、蔡元培、陆梦雄等老校长会同部分老校友发起募集资金建造，钢筋水泥结构，呈"口"字形，面积11007平方米。1947年为纪念老校长叶恭绰对学校建设的功绩，一度改名为"恭绰馆"，建国后又恢复了原名。1960年，对原建筑加层改造成现状，总面积达到12898平方米。工程馆由国际建筑大师邬达克设计。工程馆以二层为主体，局部为三层，中有内庭院，原称博物院。整体建筑充满力度，富有阳刚气度。因教室需要大面积采光窗，故邬达克在设计时把窗放大，窗间墙饰有断面呈"山"形的装饰肋，呈现出刚劲挺拔、强烈向上的力量。后门构成三个砖砌的哥特式火焰形尖券，反映出邬达克对形式美的娴熟把握。

工程馆曾是当时上海最现代化的实验室和工程教学楼之一，忠实地记录了现代工科高等教育的发展历程。1933年12月，无线电发明家古列尔莫·马可尼在工程馆博物院，亲手把马可尼天线铜柱竖立于草坪上。1937年5月，诺贝尔奖获得者、量子物理学奠基人波尔在工程馆作了主题为"原子核"的学术讲座。在这座以机械、电机工程为主的教学楼里成就了许多优秀人才，钱学森就是1934届的机械系学生。工程馆前方，矗立着交大百年校庆时设立的"灵石"纪念碑，上面镌刻着"巍巍师门，藏龙伏虎"八个金字，仿佛在讲述着工程馆的昨日、今朝和未来。

老图书馆

建成于1919年，由1916级毕业班同学捐资建造，耗资8万多元，建筑面积2687平方米。这是一幢三层的混合结构建筑，坐东朝西，既有代表西方古典主义的科林斯柱式风格的表现，也有巴洛克建筑的细部雕刻、山花及对比色彩的运用，十分华美。大楼内设有杂志阅览室、普通阅览室、研究室、自修室和陈列室等。馆内藏书以工程、管理及科学类书籍为多，线装珍本书与英美小说也应有尽有。20世纪30年代，由于藏书日益增多，又由交大前校长唐文治、叶恭绰、凌鸿勋、孙科、蔡元培等与众校友发起募集资金，在东部增建550平方米的防火书库一座，全部书架均以钢铁制成，分三层，最高藏书量可达20万册。1935年6月，图书馆计有中文图书约6万册，西文图书约1.5万册，中文杂志570余种，西文杂志350余种，国内外各大报刊50余种。有人曾对图书馆作如此描绘：红墙白栏柳丝中，镶箔轻明花影重，推卷披襟当面风，绿葱葱，几颗樱桃叶底红。

老图书馆既是交大人的藏书、看书之地，也曾是上海乃至全国各种工业展览会的重要展馆。1926年，为纪念建校30周年，学校举办了当时全国最大规模的工业展览会。国内外共有101家单位送出工业产品参加展览，参观者5万多人，盛况空前。1955年，老图书馆照原貌进行了大修。

工程馆

老图书馆

总办公厅

建成于1933年，三层钢筋水泥结构，建筑面积2165平方米，是学校主要的办公楼。为纪念我国早期留美爱国学者容闳，又名"容闳堂"，黎照寰校长主持落成典礼并撰容闳传，刻碑纪念。门额"总公办厅"出自胡汉民手笔。

大礼堂

建成于1949年，原名新文治堂，以纪念前校长唐文治。礼堂外立面为白色，清新雅致。落成时，唐文治亲临现场参加了开幕典礼。

苏步青的儿子苏德洋在撰文回忆父亲与交大的渊源时表示，1955年在新文治堂召开毕业生大会，其父苏步青作为毕业生家长在会上发言，坚决支持子女服从国家分配，到祖国最需要的地方去，这是苏步青第一次在大礼堂上讲话。1981年，苏步青第二次到大礼堂作报告，用"交大交大交关大"表示了对交大的赞誉，并以自己的人生经历，讲述如何创立并完善了微分几何学理论，如何培养出一大批像谷超豪、胡和生、李大潜那样的学术大师级人物，希望交大师生发扬求真务实的优良传统，为国家和人类作出更大贡献。

科学馆

建于1937年4月8日，交大41周年校庆纪念日时破土动工，由黎照寰校长主持奠基礼。因为战乱，历经十年才完成，于1947年4月8日举行授钥典礼。为纪念前校长孙科对学校建设的功绩，以其名字命名为"哲生馆"。该楼为三层钢骨水泥楼，建筑面积1929平方米，作为科学院教学实验用房，并暗含哲学应该由科学而生之意。1950年11月更名为"科学馆"。

总办公厅

大礼堂

科学馆

撰文 / 施昌书
摄影 / 王轶颀

同济大学

同济大学创建于1907年,早期为德国医生在上海创办的德文医学堂,取名"同济",意蕴合作共济。1912年增设工学堂,1923年被批准改名为大学,1927年正式定名为国立同济大学。抗战期间曾内迁,经浙、赣、滇入川,1946年回迁上海,并发展成拥有理、工、医、文、法五大学院、著称海内外的综合性大学。同济大学历史建筑群多于建国初期建成,见证了那个年代的建筑风格,其中点缀部分日式建筑。

国立柱

在同济大学校门口草坪正中,矗立着著名的国立柱,也称同济大学华表。

国立柱出自苏州明末清初的石木牌楼。此石原是苏州废弃牌坊,由陈从周20世纪50年代从苏州三元坊运回上海,运到同济大学后,搁置数十年后在校园整治中被发现,因其材美工巧,实为难得,于是重新装顶,立于显要,以示纪念,并命之为"继往开来",立于2000年9月。

国立柱

文远楼

文远楼

文远楼建于1953年，因我国古代著名科学家祖冲之别名为"文远"而得名。该楼是我国最早也是唯一的一座典型的包豪斯风格的建筑，整座建筑布局合理、体型丰富、外貌简洁。20世纪90年代末，文远楼被载入《世界建筑史》，全国仅有37座建筑获此殊荣。

文远楼为三层框架结构，建筑设计师为黄毓麟、哈雄文，最初作为同济大学建筑系馆使用。这幢建筑从平面布局到立面处理、从空间组织到结构形式都大胆而成功地运用了现代建筑的观念和方法，它的形象令人自然地联想到"包豪斯"(Bauhaus)校舍。该楼的建筑手法同样是用不对称的构图体现内部的功能和空间布局，以大面积的玻璃窗显示无承重墙的框架结构，用简洁平整的立面突出玻璃、钢材与混凝土的材料特点。文远楼是新中国成立后最早建造的一批具有明显现代主义思想、观念和风格的重要建筑代表作之一。

1949年至1952年是中国当代建筑史中的一个较为特殊的短暂时期，在这段时期，出现了一批较为出色的现代建筑，文远楼就是这段时期的重要作品之一。文远楼现为建筑与城市规划学院使用，整体建筑保存完好，对于研究建国初期中国当代建筑发展的状况具有重要意义。

大礼堂

大礼堂

同济大学大礼堂，建于1962年，由同济大学设计院的设计师俞载道、黄家骅、胡纫茉设计。

它曾是远东最大的礼堂，净跨40米的拱形联方网架混凝土结构，被誉为当时同种类建筑的亚洲之最，人称"远东第一跨"，开阔的大礼堂大厅内没有一根柱子。该大礼堂原设计用作学生饭厅兼文艺演出场所，后改为礼堂。目前作为学校大礼堂使用。

"一·二九"大楼

"一·二九"大楼

建于1942年,由日本建筑师石本久治设计。"一·二九"大楼和紧临的"一·二九"礼堂是同济校园里颇具特色的历史建筑群之一。1948年1月29日,同济学子掀起"反饥饿、反内战、反迫害"的学生运动,因准备赴京请命而被反动政府残忍镇压,导致了"一·二九"血案。为纪念这一学生运动,将此建筑群更名为"一·二九"大楼和"一·二九"礼堂。礼堂位于大楼的东侧,屋面采用坡屋面,结构设计精巧,礼堂主入口为东向,平时主要用作小会堂,并兼顾放映和小型演出。由于设计得当,礼堂具有良好的声音效果。

撰文 / 郭昭如
摄影 / 王轶顼

华东师范大学

华东师范大学创建于1951年10月16日,是以大夏大学、光华大学为基础而建立的一所综合性大学。学校的中山北路校区,占地千亩,依傍着风光秀丽的苏州河,是全国闻名的花园学校。

文史楼

1930年大夏大学时期建造,为白色三层小楼,是校内最古老的建筑,原名"群贤堂"。现为上海市普陀区第一批登记不可移动文物。柱式建筑为仿古典罗马式建筑风格,以正门前的四根立柱最为凸显。

文史楼内屹立的塑像是华东师大第一任校长、中国现代教育家孟宪承。钱锺书、胡适、徐志摩都曾留迹于此;鲁迅在文史楼前面的草坪上作过演讲;吕思勉、施蛰存、王元化、许杰、徐中玉、钱谷融等一大批人文科学界的泰斗都曾在这里执教。这里是华东师大文脉之所在,文化气息最为浓厚,也是华东师大精神之象征。

文史楼大门

文史楼

丽娃河

丽娃河

丽娃河原本是苏州河的一条支流,清道光年间,治理吴淞江(苏州河)时,由北新泾地区的河湾截直而来。现存河道长700米,最宽处50米,水深处2米,呈"U"字形,南北横贯校园中部,把校园自然而然地分为河东文科教学区、河西理科教学区和丽娃研究生区三大区域。河水清澈,河边树木成行。到了夏天,荷叶出水,亭亭玉立,令人心旷神怡。

传20世纪20年代,河边建有一个白俄贵族的私人花园。贵族女儿丽娃·丽妲因爱上中国穷书生,遭到父亲极力阻挠,最后跳进河里,小河因此得名。茅盾在《子夜》中,有四处提到了丽娃·丽妲。《子夜》中写到,不少正值青春妙龄的姑娘,享受着五四以后新得到的自由,跳着独步舞、探戈舞,唱着丽娃·丽妲歌。

丽娃河的浪漫气质造就了著名的华东师大作家群,这些作家有沙叶新、赵丽宏、格非等。作家王晓玉曾经这样描述过丽娃河对作家们的影响:"我们学校以丽娃河为中心,辐射组建了东西两大片样式各异的教学楼群,再加上参差糅合其间的水杉林、银杏角、樱花丛、荷莲池等'师大十景',形成了一个大大的'气场',天杰地灵,所以才一轮又一轮地造就出了这么一个'华东师大作家群'。"从戴厚英的小说《人啊,人》到格非的小说《欲望的旗帜》,再到叶开的小说《三人行》等,许多丽娃河孕育的作家都曾以丽娃河为自己作品的背景。

小礼堂

小礼堂

建于大夏大学时期,为一座红砖小礼堂,建筑风格是古典罗马式,极富韵味。在小礼堂南侧旁边,有华东师大胜景之一的"古木清晖"。这是一片由银杏树和常青绿篱圈出的小林子,成片的栀子花和海棠花围绕着古树,四季色调变换,古朴幽静中蕴藏着热烈的生机。

这座小礼堂被学生视为华东师大的艺术殿堂。中文系的话剧社常在此上演学生自编自导的话剧。小礼堂边的"古木清晖"则是文科生谈天的最佳场所,在林中的石头桌椅上摆上一壶清茶,邀一二知己长谈,不亦快哉。

红楼　理科三馆

红楼

红楼是学校的办公楼所在。办公楼共有三栋,楼间有走廊连接,都是红砖建造,因而被华东师大学子亲切地喊作"红楼"。红楼的东南即是华东师大另一处胜景——"石径花光"。在绿丛中沿石阶而上,曲径通幽处,便到了这美妙的秘密花园。这里湖石错落有致、千姿百态,红亭点缀其间,丽娃河的浮光掠影不时晃入眼帘,给人以"泉响林愈静,鸟鸣山更幽"之感,夏季最为凉爽宜人。

理科三馆

理科三馆即数学馆、物理馆和化学馆,位于河西校区,见证了学校的发展历史。其建筑富有民族特色,两座翼楼护卫着主楼,气势宏大,歇山屋顶清平瓦,显得淡泊老成。和丽娃河东文科教学区的浪漫氛围有所不同,这里弥漫的是河西理科教学区求实求真的严谨气息。

毛泽东像

建于1967年,是一座挥起手臂的毛泽东像。人像身高7.1米,代表中国共产党诞生日7月1日;塑像总高度为12.26米,象征着毛泽东12月26日诞辰。挥起手臂的毛泽东像,受力结构复杂,需要精心设计和建造的勇气。"文革"期间,受特殊的时代环境影响,高校里建毛泽东像蔚然成风,成为高校建筑的一道独特风景线。如今,毛泽东像下是全上海闻名的华东师大英语角。

毛泽东像

华东政法大学

撰文 / 施昌书
摄影 / 王轶颀

华东政法大学位于上海市长宁区万航渡路1575号,其校园建筑风格极为欧化,校区为中国第一所教会大学——圣约翰大学的原址。圣约翰大学创建于1879年,其古朴典雅的校园建筑系1939年之前建造,前后约60年陆续建造完成。这些中西合璧的校园建筑,在建造时是中国前所未有的,人们称之为约翰式的中国高等学校著名建筑群,上海市政府于1995年将它们列入"上海市市级建筑保护单位"。

怀施堂

怀施堂,现为韬奋楼,砖木结构建筑,是华东政法大学最具代表性的教学楼之一。1894年1月26日举行了该楼的奠基典礼,系拆除1879年4月建筑的四合院,用原隅石奠基,以示新旧继续不绝之意。1895年2月19日举行了落成典礼。在当时,该楼是中国式学院建筑的始作俑者,也被誉为教会学校建筑之最佳校舍。在落成典礼上,为纪念圣约翰大学创始人施勒楚斯基,正式命名该楼为"怀施堂"。中华人民共和国成立后,圣约翰大学师生为纪念1921年毕业生邹韬奋,要求将怀施堂改名为"韬奋楼",于1951年经华东军政委员会批准,同意更改楼名。

1952年,华东政法大学创建后,该楼一层为教室,二层为学生宿舍。1979年复校后,该楼二层逐步改作教室之用。

怀施堂

思颜堂

思颜堂，现为学生宿舍4号楼，又称40号楼。该楼呈"U"字形，砖木结构，采用中西结合建筑形式。于1903年10月24日奠基，1904年10月1日举行落成典礼。为纪念圣约翰大学创办初期出力最多的颜永京牧师，而命名为思颜堂。颜氏自1879年起协助施氏筹办圣约翰书院（后改名为圣约翰大学），募资购地，兴建校舍，并任学监兼数学、自然和哲学教授，1888年离校。

1913年2月1日，圣约翰大学举行学期结束仪式，中华民国第一任临时大总统孙中山应邀于大会堂演讲。孙中山论说了科学教育的重要性："今且言责任，圣经中云，已见光明，应为人导。既有知识，必当授人。民主国家，教育为本。人民爱学，无不乐承，先觉觉后，责无旁贷，以若所得，教若国人，幸勿自秘其光。"

华东政法大学成立后，将思颜堂改名为宿舍一楼，1979年复校后，又改称为学生宿舍4号楼。因该楼在河西校舍中排列第40，故又称其为40号楼。

思颜堂

交谊楼

交谊楼，现为3号楼。1919年11月15日，圣约翰大学举行40周年纪念会时，该校同学会和校友们为纪念校长卜舫济已故夫人黄素娥，发起捐银建筑新交谊楼。由校友范文照设计了中西合璧式的图样，为钢筋水泥及砖木混合结构。

黄素娥系1881年（光绪七年）6月创建的圣玛利亚女校首任校长，该校址在今东风楼上（原校舍名为思丁堂）。她的父亲黄光彩和母亲黄氏，是受美国圣公会洗礼进教的中国第一个男子和第一个女子。黄素娥与卜舫济为结发夫妻。

该校舍为两层，上层分大、小交谊厅各一间。大交谊厅除了用以交谊、会议、文娱活动以外，还可进行篮球比赛，厅的四周上端筑有看台，东、西、北看台有数排长木板座位，约能容300人就坐，南看台还设有放映间。下层有大小房间11个，供学生文体社团使用。这幢富丽堂皇的交谊楼落成后，成为当时中国大学校园的著名建筑物之一。

1952年11月15日，华东政法大学的首届开学典礼也在大交谊厅举行。

交谊楼

斐蔚堂　思孟堂

斐蔚堂

斐蔚堂，现为六三楼，即6号楼。1939年，圣约翰大学师生和校友为纪念圣约翰大学神学科主任郭斐蔚主教（1893年—1940年期间圣公会上海教区第五任主教），捐款建筑两层教室楼一幢，为钢筋水泥和砖木混合结构。1998年大修后，改为行政部门办公用房。

解放初期，圣约翰大学师生为纪念早在1925年该校的"六三"爱国壮举，将斐蔚堂改名为"六三楼"。

思孟堂

思孟堂，现为学生宿舍5号楼。于1908年9月19日奠基，翌年9月落成。该楼为三层，为当时圣约翰大学的高年级学生宿舍。

该楼命名为思孟堂，其缘由是纪念孟嘉德（Arthvr Sitgreaves Mann）牧师。孟氏于1904年到圣约翰大学任职，教授哲学。1907年7月29日，孟氏在庐山旅游时，因营救一个落水中国朋友而同溺于瀑布中。圣约翰大学学生为哀悼孟氏，发起捐款建楼。

孟氏是美国耶鲁大学毕业生，生前曾为圣约翰大学创作校歌，为该校师生传唱。在孟氏去世后，特制了一块纪念铜牌，置于思孟堂一楼楼梯旁。

华东政法大学创建后，将思孟堂改名为宿舍2号楼，1979年复校后，又改为学生宿舍5号楼。

体育室

体育室位于韬奋楼（怀施堂）以北，其前身为简陋的健身房，1918年6月30日奠基，1919年11月15日举行了顾斐德纪念体育室落成典礼。

顾斐德教授于1894年到圣约翰大学任科学系主任，是圣约翰大学体育运动最初的发起者。顾斐德于1915年6月4日病殁英国伦敦。1917年，圣约翰大学学生和在美国的校友，为纪念这位英籍教授而建筑了体育室。

体育室图样由圣约翰大学理科教授华克设计，两层楼房的楼顶四角为曲线形，人称约翰式建筑。第一层有来宾接待室一间，浴室和更衣室各两间，机房一间，储物室一间。浴室内装置冷热水莲蓬头，墙与地面均铺白磁砖，学生可按时入浴。第二层系室内运动场，上筑一看台，可凭栏俯视场内球类比赛。体育室东侧为游泳池，上架玻璃天棚，池底和四壁均用白磁砖砌成。此室内游泳池，在当时国内实为前所未有。1998年，游泳池及浴室设备改为学生健身等用房。

树人堂

树人堂，建于1935年。该楼当时命名取"十年树木，百年树人"的"树人"一词。在"文革"中，改树人堂为鲁迅楼。经考证，树人堂与鲁迅先生（原名"周树人"）没有什么联系。在1999年大修时，恢复原楼名树人堂。1952年至1956年，该楼为华东体育学院办公楼。

体育室

树人堂

该院外迁后,华东政法大学已将其作为有关教研室办公用房。

格致楼

格致楼,建楼时曾称格致室,曾用名科学馆、办公楼,于1898年11月20日奠基,落成典礼于1899年7月19日举行。

该楼为三层楼房,砖木结构。楼的南面墙体为城堡式,历经岁月变迁,益增其苍然老态。三楼为医学系课室,一、二楼分别为物理、化学试验室及课室,以及神学课室。此外,圣约翰大学博物院也曾设在楼内。中国高校中,筑有科学馆的在当时实属罕有,圣约翰大学自称:"教授自然科学,实为约大开其端也。"1952年,此楼改名为办公楼。1998年,又改名为"格致楼"。

格致楼

西门堂

老图书馆

西门堂

西门堂，现为东风楼，于1923年岁末奠基，次年12月13日举行落成典礼，"文革"期间改为现名。

1925年起，西门堂为圣约翰大学附属高中部校舍，圣约翰大学初中部划归圣约翰青年会中学办理而外迁。后因高中部学生逐年增多，西门堂已难以敷用，于1935年另外建了一幢学生宿舍楼，即为今天的"树人堂"。

1952年全国高校院系调整后，华东师范大学数学系曾设在此楼，于1956年交由华东政法大学使用。1997年将西门堂东侧的小会堂改建成两个梯形教室，1998年又将西侧的膳堂改建成两个教室。

老图书馆

老图书馆，现为5号楼，也称红楼。于1915年年初举行奠基仪式，次年初夏落成。

1913年12月20日，圣约翰大学同学和校友举行校长卜舫济任职25周年纪念会，决定建筑图书馆，以示纪念。馆舍为中西合璧的两层建筑，用钢筋水泥及砖木筑成。上层系陈列图书之用：南大间为藏书室；北大间为阅览室，中置陈列橱及长方桌十具，座位近百，内壁皆置书架，陈列着中西文报刊杂志、字典和参考书籍等；中间为馆长及馆员办公室，并悬挂着卜舫济的画像。下层有房八间，除一小室贮藏未装订之报章外，其余在建馆初期为课室，后因藏书日益增多，于1924年秋撤去课室，改辟二大室：一为神学院图书馆兼课室；二为馆员办公室兼报章装订室（于1930年秋改为报章阅览室）。由于藏书量陡增，1936年，上层北大间加筑了夹层阁楼，藏书与阅览两大间对调使用。

撰文 / 王天广
摄影 / 王轶颀

上海理工大学

上海理工大学的前身，源于1906年创办的沪江大学和1907年创办的德文医工学堂。沪江大学位于军工路校区，校园内绿树环抱，红墙辉映，拥有目前上海高校中规模最大的市级优秀历史建筑群，共有20栋优秀大学建筑和15栋优秀别墅建筑，被列入上海市历史保护建筑名单，为广大师生提供了绝好的回眸历史、前瞻未来的人文景观。

沪江大学是一所教会大学，与我国传统大学校园的布局模式、建筑风格完全不同。其特定的建筑形态，源自特殊的历史渊源。近代大学起源于基督教盛行的中世纪，巴黎大学即是基督教最著名的神学教学中心，它的封闭式方院建筑布局，极大地影响了欧洲大学建筑的模式。到了19世纪末，随着美国的逐步崛起，其民主与自由的精神开始渗透到大学校园规划中，校园被改造成了一个低密度的开放空间。这种理念强调开放性的校园，注重师生关系的亲和及学生的全面发展，重视校园建筑与大自然的融合等。美国著名建筑师弗雷德里克·劳·欧姆斯特（Frederick Law Olmsted）在主持设计伯克利校园规划时就曾指出，大学校园应与城市保持适当距离，校园环境应是自然的、公园式的，这种优美的环境，能够陶冶和培养学生文明的习惯及自尊自重的人格。

沪江大学校园的选址，充分体现了美国大学校园的规划设计思想。教会大学传教士追求的是大学社区式的空间模式，他们希望有充足的土地来修建教学楼、实验楼、办公楼、教师住宅、学生宿舍、运动场、教堂及其他附属建筑，将所有师生都容纳到充满宗教氛围的学区内。因此将大学建在较僻静的城市郊区，与外面社会保持一种若即若离的关系，避免学生受到市区商业和娱乐的干扰，同时又能发挥教会大学的社会作用。沪江大学校园的选址就遵循了这一思想。

同时，传教士们还将建筑视为一种文化参照物，把西方建筑形式随文化传播引入到了中国。沪江大学的建筑，受欧美广泛流行的建筑复古思潮影响，热中于从历史建筑中寻求思想上的共鸣，大量哥特式风格的建筑出现在校园中。受当时盛极于美国的折中主义建筑思潮影响，沪江大学的建筑沉醉于对纯形式美的追求中。复旦大学教授王立诚在《美国文化渗透与近代中国教育：沪江大学的历史》中写道："对于1926年来访中国的人而言，如果旅行者是从上海进入这个国家，在城郊外他的轮船就会经过一所学校的建筑群，他会被告知这是由美国浸会办的沪江大学……大学校园四周都栽着柳树和四季常青的灌木，校场的中央，巍巍地布着二三十幢洋楼。在茶余饭后的时光，同学们更喜欢三五成群，或独自一人，在黄浦江边散散步，在草地上坐一霎，看看天上的夕阳和白云，听听江里的潮声，俨然是一幅从弗吉尼亚移来的世外桃源景象。"

上海理工大学现存的那些诗情画意的老建筑，呈现出多种不同的建筑风格，某些建筑还将多种风格特征糅合在一起，布局严谨，细节精细，具有较高的艺术价值。

大礼堂、思晏堂、馥赉堂、思福堂等建筑，外观都具有陡峭的屋顶，其收分的外墙飞扶壁、屋顶上的老虎窗、山墙的门廊入口、外墙的十字花窗、多层凸窗、尖券洞、小尖塔、细部花饰浮雕以及小礼拜堂内的锤式屋架等，均表现出哥特式风格的精致与浪漫。巨大的两圆心尖券窗洞内用细小柱子分成细而高的长窗，从而强调向上的动感，这是哥特式建筑的典型特征。厚重的墙体及洞口墙体截面呈八字形向内收敛，并排上层层线脚以减轻暴露出的墙垣的笨重感，半圆弧形的拱券、立面上浮雕式的半圆连续小券形成的装饰腰线等等，都是罗马风时期建筑的典型特征。

思裴堂、思伊堂、思孟堂、思雷堂及音乐室，除上述哥特式特征外，外立面或室内廊道中，采用了哥特式晚期的四圆心券，尤其是音乐室采用了装饰性很强的三叶拱和弓形尖拱以及相应的浮雕装饰，营造出音乐般的轻松欢快与高雅之感。

晚期垂直式哥特风格的显著特征是残留着中世纪城堡的痕迹，追求凹凸起伏的建筑体型，屋顶轮廓跳动着塔楼、烟囱、雉堞等造型，结构处理常出现四圆心券，细部常用弧度较平的圆拱，外形追求对称。1928年建成、1948年扩建的湛恩纪念图书馆，即带有明显的晚期垂直式哥特建筑特征，扩建前后相差20年，却浑然一体，很好地延续了校园建筑风格统一。

沪江大学教师住宅别墅，也是教会大学建筑群的重要组成部分，均采用坡屋顶，设老虎窗，外墙用红砖或青、红两色砖混砌，采用预制混凝土花饰门窗套，窗多用花饰砖拱，室内多设有砖砌壁炉，别墅之间虽各有不同，但整体表现出当时美国独立式小别墅的风格特征。

思晏堂

思裴堂

体育馆

格致堂

思晏堂

建于1908年，1909年落成投入使用，是沪江大学第一座大建筑，耗资2.13万美元。取名"思晏堂"，是为了纪念浸礼会第一位到中国的传教士晏马太。楼高原为四层，集教学与行政办公于一体。1956年9月24日14时20分，因突遭龙卷风袭击，此楼西端半幢楼顿时倒塌。1957年5月15日完成重建，建筑上部已非原貌，楼高也变为三层。

思裴堂

由校长魏馥兰向美国墨疏利浸会募捐0.94万美元建造。1915年落成，楼高四层，为学生宿舍。取名"思裴堂"，是为了纪念美国墨疏利浸会第一任书记裴理克博士 (Dr.Manley J.Breaker)。1967年大修时将尖顶改成平顶。

体育馆

由美国波士顿的哈斯科上校 (Coloned E. H. Haskell) 于1917年捐资1.81万美元建造。1918年落成，楼高两层。1932年，位于学校南面的女生体育馆建成后，该楼曾改称北体育馆。

思伊堂

格致堂
　　由美国加州的特里特夫妇第一次捐款在1918年建造，耗资13.67万美元，1921年落成，钢混结构，楼高四层并建有地下室，是当时沪江大学最有价值的建筑物之一。因配备的理科实验设备为当时国内最完善者，被誉为"国内仅见之建筑物"，使得在文科基础上发展理科的沪江大学，得以跻身于一流大学行列。1965年大修时将尖顶改成平顶。

思伊堂
　　由美国芝加哥伊文斯顿的哈里斯先生捐资4.35万美元建造。1919年落成，楼高四层，为学生宿舍。因其临江而立，浦江美景尽收眼底，曾有文章这样描述："每值暮潮初敛，夜阑人静，月光如水，波平如镜，风景绝胜。"1984年大修时将尖顶改成平顶。

思孟堂
　　由美国人捐资建造，1920年落成，耗资4.91万美元，楼高四层，为中学部下院。内设办公室、教员室、图书室、课室，上层为宿舍。

思孟堂

思雷堂

思雷堂
由美国南浸礼会差会拨款建造，1922年落成，耗资3.21万美元，为中学部上院。

湛恩纪念图书馆
此图书馆建筑费大部分由沪江大学教职员、学生与校友捐资，部分由美国西门基金会资助，耗资约2万美元，1928年9月落成。1948年，为纪念刘湛恩校长，图书馆向东扩建，并命名为"湛恩纪念图书馆"。扩建工程耗费美金54832元，由沪江大学校友及全体师生在国内募集。

湛恩纪念图书馆

大礼堂与思魏堂

大礼堂与思魏堂

现为上海理工大学大礼堂。为庆祝沪江大学建校30周年而建。1936年,为纪念沪江大学第二任校长魏馥兰博士,募建思魏堂,上层为礼拜堂,下层设教会办公室、教员休息室,并在此举行30周年校庆活动。大礼堂与思魏堂为联体建筑,呈L形,大礼堂为东西向,思魏堂位于大礼堂东北侧。整座建筑于1937年5月全部竣工,外观为后罗马风格,是沪江大学标志性建筑之一。

上海音乐学院

撰文 / 施昌书
摄影 / 王轶颀

上海音乐学院，创立于1927年11月27日，前身为国立音乐学院，由民主革命家、教育家蔡元培和音乐教育家萧友梅创建，培养的音乐人才遍布全国和世界各地，被誉为"音乐家的摇篮"。

上海犹太俱乐部

汾阳路20号，原上海犹太俱乐部，现为上海音乐学院的礼堂与办公楼，于2005年10月31日被列为上海市优秀历史建筑。

该楼始建于1910年代，法国文艺复兴风格。1927年起，辟设为比利时驻沪领事馆。1932年1月，上海犹太俱乐部开始筹建，是年8月在此开放。创始人是俄籍犹太厂商布洛赫，也是俱乐部的终身理事长。俱乐部每周举行晚会，设有文学小组，每周有"星期四聚会"。从1934年起，比利时公使纪佑穆（Guillaume.J.Baron）滞留上海时，就住在此楼。1941年12月太平洋战争爆发后，领事馆关闭。1945年9月在原址重开。20世纪50年代比利时领事馆关闭后，该楼由部队使用。1958年，著名作曲家、音乐理论家、音乐教育家贺绿汀担任院长期间，上海音乐学院从漕河泾迁入此处，该楼主要作为学院办公、接待专家之用。

该楼是风格比较混杂的花园住宅，为假三层构造。孟莎式双折屋顶屋面陡峭，有双坡形老虎窗，木质构架支撑，屋顶错落有致。底层为砖墙，水泥拉毛墙面，部分墙体以毛石砌筑，半圆拱券门洞和窗洞，券身突出毛石间隔点缀，整体极富特色，局部带有北欧风格。券廊、门洞、窗洞为不规则毛石砌筑，具有德国青年风格派特征。二层东面、南面立面设有连通外廊，露台栏杆雕饰精美，与毛石材质产生强烈对比效果。底层、二层虽均有外廊环绕，但形式对比强烈。底层外廊为厚实的墙基和石拱券，粗犷有力，而二层为混凝土双柱的外廊，檐口镂空花格，轻巧剔透。这种形式虽不和谐但自由随意的风格模仿与组合反映了那一时期上海的建筑特征。

上海犹太俱乐部

上海犹太俱乐部大门

爱庐

爱庐

爱庐，现为上海音乐学院附属中学的校舍。位于上海东平路9号，是一幢三层砖木结构的法式花园住宅，建于20世纪30年代初，建筑面积约1000平方米。爱庐曾是宋美龄与蒋介石结婚时的陪嫁。这幢洋房是典型的法国式花园洋房，外墙嵌着或黑或白或黄的五彩鹅卵石，屋面是孟莎式坡面的，上面铺着红色的平板瓦。房子高两层，由主楼和东西两侧副楼组成。其中主楼由造型不一的东、西、中三个单元构成，中间的券门最大，有内廊，布局庄重沉稳。东部楼下是大客厅兼"小影院"，蒋氏夫妇经常在这里会见行政要员，宋美龄也常和她的亲朋好友一起在这里欣赏美国的故事片。客厅布置典雅，柚木的拼花地板上放置着宽大舒适的高级沙发，整洁的墙面上挂着名家字画，井格形的天花垂着几盏欧式的吊灯，色调和谐统一。二楼是他们的主卧室，注重的是空间的流畅，整体布置温馨浪漫。

当年，宋子文买下了东平路9号和11号两幢花园别墅。11号是他自己的私宅，而9号是作为宋美龄和蒋介石结婚时的陪嫁。蒋宋联姻后，东平路9号便成为蒋宋短栖上海的行宫别墅。蒋介石有许多行宫别墅，他把庐山牯岭的别墅称作"美庐"，把杭州西湖的别墅称作"澄庐"，而把上海的这所住宅称作"爱庐"，可见他对这幢洋房有多么喜爱。蒋介石特别喜欢这幢房子的另一个原因是，这幢房子的主楼与上海中山故居的风格非常相似，仿佛暗示着他是当之无愧的"继承人"。

上海戏剧学院

撰文/施昌书
摄影/王轶颀

上海戏剧学院是中国培养戏剧专门人才的高等艺术院校,前身是上海市市立实验戏剧学校,1945年12月1日由著名教育家顾毓琇与著名戏剧家李健吾、顾仲彝、黄佐临等创立,熊佛西为首任院长。1949年10月,上海市立实验戏剧学校改名为上海市立戏剧专科学校。1952年全国高等院校实行院系调整,山东大学艺术系戏剧科、上海行知艺术学校戏剧组并入后正式建院,更名为中央戏剧学院华东分院。1956年正式命名为上海戏剧学院,系文化部直属高等艺术院校。2000年4月划转为由上海市与文化部共建。2002年6月,原上海师范大学表演艺术学院、上海市戏曲学校、上海市舞蹈学校并入上海戏剧学院。

熊佛西楼

熊佛西楼的前身是上海戏剧学院的演出科楼,位于华山路630号,建造于1903年,以学院首任院长、著名戏剧家熊佛西的名字命名,2005年被列为上海市第四批优秀历史建筑保护名单。

20世纪20年代,中国建筑正处于现代转型初始期。大量的留洋建筑师从国外回来登上了国内早期的建筑舞台,当时的很多建筑融合了中国建筑与西方建筑的特点,而熊佛西楼就是其中一个代表。它既不具有中国传统园林建筑小巧玲珑的性格特征,也不属于粗犷、张扬、个性十足的建筑。熊佛西楼共有两幢楼,一幢位于西侧,一幢位于东侧,东西两幢楼的建筑风格完

熊佛西楼

熊佛西楼一角

全不同。西楼是一幢欧式风格的清水砖建筑,有大量的砖雕花饰,并采用红砖和青砖相结合的方法使建筑与众不同。东楼建筑为殖民地风格的围廊建筑,建筑屋面为机制粘土红平瓦歇山屋面。

熊佛西楼是上戏的"老人",见证了上戏的历史。熊佛西楼一开始是德国华侨在上海的一个乡村俱乐部。一战后,法国人强行占据了德国人在上海原迈尔西爱路(今茂名南路58号)建造的乡村俱乐部,平时喜欢休闲聚会的德国人,无奈之下只好在沪西的美丽园中又重新修建一座乡村俱乐部。后上海戏剧学院的前身——上海市市立实验戏剧学校在这个乡村俱乐部成立,当时由熊佛西担任校长。后来该楼就被命名为"熊佛西楼",不久它成了当时远东地区最早最大的录音棚。在这幢楼里,还隐藏着一个浪漫的故事,这里曾经留下了一代才女张爱玲踯躅、感伤的脚步,蕴藏了她人生无尽的悲凄。很多人认为在《倾城之恋》、《半生缘》、《金锁记》这些张爱玲的惊世之作中,似乎就蕴藏着该楼的倩影。

撰文 / 施昌书
摄影 / 王轶颀

上海体育学院

上海体育学院创建于1952年11月8日，是中华人民共和国成立后创建的第一所体育高等学府，原名华东体育学院。上海体育学院的前身可以追溯到南京高等师范学校（今南京大学）1916年春在中国最早开设的体育专修科。1952年11月，南京大学体育系合并华东师范大学体育系、金陵女子大学体育系，组建华东体育学院；1956年2月，改称上海体育学院。2002年10月，上海运动技术学院、上海体育科学研究所并入，组建为新的上海体育学院。

原中华民国上海市政府大厦

原中华民国上海市政府大厦，现为上海体育学院行政楼，典型的仿古建筑。1933年10月10日正式落成，作为当时中华民国上海市政府官员办公使用的大楼。

根据孙中山的《建国大纲》，1929年7月，中华民国上海特别市政府第123次会议通过了划定上海市区东北方向的翔殷路以北、闸殷路以南、淞沪路以东约7000亩土地，作为新上海市中心区域。该计划后来被称为"大上海计划"。该计划各项工程于1930年上半年开始建造，以新市政府大厦为中心，完成了运动场、图书馆、博物馆、市医院、卫生试验所、国立音专、广播电台、中国航空协会等建筑。

中华民国上海市政府大厦共占地8928平方米，在"大上海计划"中居于三民路、五权路、世界路、大同路四条干路的交汇处。大厦高四层，入口处在第一层，十字形穿堂，有前后东西四门，宽大扶梯两处和电梯两座，直达四楼。底楼设有传达室、保险库、接待室、食堂和厨房；二楼为大礼堂、图书室、会议室；三楼中部为市长和高级职员办公室，两侧为各科室办公室；四楼为公役休息处、储藏室、档案室和电话总机房。

1935年，上海市政府为响应国民党政府提倡的"新生活运动"，彻底变革传统婚嫁仪式，去奢从俭，于2月7日公布了以简单、经济、庄严为原则的《上海市新生活集团结婚办法》。1935年4月3日下午3时，全国首届集团结婚典礼在上海市政府大礼堂举行。出席盛会的除了57对新人外，还有证婚人上海市市长吴铁城、社会局长吴醒亚，另外还有包括杜月笙、王晓籁等在内的各界人士及新闻记者近万人参加，盛况空前。

原中华民国上海市政府大厦

南京大学

撰文 / 秦 岭
摄影 / 王轶庼

从1888年汇文书院创办开始，建立了金陵大学，到1952年全国院系大调整，公立金陵大学与南京大学合并，以此为基础，在金陵大学原址组成了今日之南京大学。

建于1916至1937年的原金陵大学建筑群，以清代官式建筑为外部特征，以塔楼（北大楼）为中心，作不完全对称布局，由美国建筑师和留美、游欧归来的中国建筑师分别设计建造。现存北大楼、东大楼、西大楼、大礼堂、小礼堂、老图书馆、宿舍楼等十余座建筑。这些建筑由北而南、顺坡而下，与周围环境融为一体。这种充分利用自然地势的起落而建的建筑物，既亲近自然，又错落有致，有朴素浑成之美。

整个建筑群采用灰色筒瓦，青砖厚墙，除屋顶侧面为红色、细部有砖雕墙花外，全无雕梁画栋，平淡自然，朴素简约。虽然建筑形式是中国传统的，但规整宽阔的草坪、突兀的塔楼与群体建筑的不协调性，又体现出西方人的审美情趣。建筑群没于森森树木、含芳花草之中，四季不同，景色各异，唯一不变的是老建筑沉静而儒雅的风范。

北大楼

大礼堂

北大楼

北大楼是南大标志性建筑，也是南大的象征。它建于1919年，由美国建筑师司迈尔设计，建筑面积3473平方米。屋顶为中国建筑常用的歇山顶，灰色筒瓦，青砖厚墙，设小窗，主体建筑为两层，塔楼五层，高耸突兀。塔楼为四面歇山顶，顶脊饰有小兽，这是中国传统建筑最复杂的屋顶样式之一。门南向，阔踏道，两侧有抱鼓石。门厅绘有飞鹤图案，挂有水晶宫灯。这幢楼造型独特，糅合了东西方的建筑风格，虽不高大，却雄伟壮观。它的四周绿树掩映，门前如茵的草坪规整开阔，身后是纯净的蓝天，墙体爬满茂密的藤蔓，像披了一件绿风衣，成为校园一大景观。

大礼堂

建于1917年的大礼堂，原为金陵大学礼拜堂，由美国芝加哥建筑事务所设计。大礼堂采用单层砖木结构，主体建筑为歇山顶，附属建筑为硬山顶，屋顶装饰由青砖砌筑，覆盖蝴蝶瓦，清水砖刻线脚。屋顶侧面的山墙上有砖雕山花，为圆形万字如意纹吉祥图案。屋檐饰有精美的花饰，外墙用明代城墙砖砌筑，厚重而有历史感。

老图书馆

小礼堂

小礼堂

建于1916年至1917年的小礼堂，原为金陵大学小礼拜堂。由曾留学美国的民国著名建筑师齐兆昌与美国费洛斯与汉密尔顿建筑事务所共同设计。屋顶为歇山顶，单层建筑，拱形门，大门上方用砖砌出三面围裹的结构，既可支撑墙体，又有装饰作用。门楣和窗框饰有石刻西式图案。门前有抱鼓石一对，踏道间设丹墀石，上面雕刻纹饰。小礼堂精巧灵秀，有中国南方建筑的韵味。

老图书馆

老图书馆建于1936年，由留美中国建筑师、曾任原中央大学建筑系教授的杨廷宝设计，建筑面积2626平方米。中部有三层，屋顶为重檐歇山顶，底层是宽大的门厅；两侧为两层，屋顶是单檐歇山顶。

东大楼

东大楼

东大楼，原为金陵大学农学院。建于1925年，由美国建筑师司迈尔设计，建筑面积3604平方米。主体两层，屋顶两层，采用中国北方传统建筑形式，歇山顶，灰色筒瓦，屋顶以塔柱作装饰。

西大楼

西大楼，原为金陵大学理学院。建于1926年，齐兆昌设计，建筑面积3905平方米。主体三层，屋顶一层，也采用了中国北方传统建筑形式。

西大楼

撰文/秦　岭
摄影/王轶庹

东南大学

　　东南大学自1902年建校以来，从三江、两江师范学堂、南京高等师范学校，到20世纪20年代的东南大学、第四中山大学、江苏大学、国立中央大学，再到解放后的国立南京大学、南京工学院，后又于1988年再度更名为东南大学。其间十易校名。

　　国立中央大学建筑群位于江苏省南京市玄武区四牌楼2号，是在1921年东南大学成立后建造的。这所由中国人创办的大学，其建筑风格明显受到西方建筑史上折中主义复古思潮的影响：即用西洋古典式样的建筑外表去包装具有现代特点的使用空间，以此来显示悠久的历史和雄厚的经济实力。

　　1919年，著名教育家郭秉文接任南京高等师范学校校长一职，并于两年后创建东南大学。由于南京高等师范学校的校舍基本上都是沿用历经兵灾的两江师范学堂旧房，这些校舍不仅破旧，而且难以适应学校发展的需要。于是，郭秉文聘请杭州之江大学的建筑师韦尔逊到东南大学兼任校舍建设股股长，拟定校舍建筑以四牌楼为中心，向四周辐射的计划。根据这一规划，校园内图书馆、体育馆、学生宿舍、科学馆等建筑相继落成。1927年，国民政府定都南京后，又建起了校园南大门、大礼堂、生物馆、牙科医院等建筑，形成排列有序、错落有致的建筑群。这些建筑，基本上呈对称布局，从南大门至大礼堂形成一条中轴线，其他的建筑物依次排列在中轴线的两侧。

南大门

大礼堂

大礼堂位于东南大学四牌楼校园中塝,与南大门构成校园中轴。1930年,由当时国立中央大学校长朱家骅以召开国民会议的名义获得国民政府贷款,建筑系教授卢毓骏主持续建,并由英国公和洋行设计,1931年4月底竣工。

大礼堂威严雄伟,属西方古典建筑风格。整个礼堂有三层,面积4320平方米,可容纳2700余人。主立面为西方古典柱式构图,底层三门南向并立;正立面采用爱奥尼克柱式与山花构图,顶高34米。1965年杨廷宝设计添建两翼建筑,面积2544平方米。数十年来,海内外中大校友均视大礼堂为母校之象征。1994年4月,国立中央大学校友余纪中捐资修葺,使其焕然一新。

大礼堂

老图书馆

老图书馆即孟芳图书馆。1921年,东南大学成立时向社会募捐图书馆经费。经校长郭秉文奔走,最终获得江苏督军齐燮元捐助,独资建馆并置配套设备。1922年立基,1923年落成,耗资16万银元。建成后,以齐父之名命名为孟芳图书馆,张謇题匾。图书馆之两翼及书库系1933年扩建,总面积3813平方米。图书馆建筑造型为西方古典建筑风格,比例匀称,构图稳实,风格隽雅,入口爱奥尼克柱廊及墙面装饰细部极为精美,是近代校园建筑的优秀作品。

老图书馆

梅庵

梅庵

梅庵掩映在东南大学四牌楼校区西北角绿树丛中。1916年，南京高等师范学校校长江谦为纪念前任校长、两江师范学堂监督李瑞清（号梅庵），以带皮松木为梁架，建三间茅屋，取名"梅庵"。如今的梅庵是1933年改建的，面积为204平方米，由著名学者柳诒徵题匾。李瑞清是近代著名的教育家、美术家、书法家，他在1906年开设了图画手工科，开现代艺术教育之先河，当年中央大学音乐系琴房就设于此。

体育馆

体育馆1922年立基，1923年落成，面积2317平方米。该主楼当时耗资6万银元，游泳池及配套设备4万银元，堪称当时国内高校之最。体育馆建成后，不仅作为体育健身之所，诸多重要活动也经常在这里举行。英国哲学家罗素、美国教育家杜威、印度诗人泰戈尔等，均曾在此作过讲演。

体育馆

中大院

中大院

中大院原名生物馆。1929年落成，面积2321平方米，造型为西方古典建筑风格。楼前矗立四根爱奥尼克柱，与上部山花联成一体，和图书馆相仿，且两楼东西呼应，相得益彰。从南京高等师范学校至中央大学，一直为生物学系办公楼，生物学科菁英云集。1952年院系调整成立南京工学院后，为院办公楼所在地。1957年扩建两翼，增加面积1728平方米。因学校历史上曾为国立中央大学，遂又更名为中大院，1958年后为建筑系系馆。

健雄院

健雄院曾名口字房、科学馆、江南院。口字房始建于1909年，共两层，作办公室、图书馆、实验室用，1923年毁于火灾。后得美国洛克菲勒基金会捐助，于口字房原址合资兴建科学馆。1924年破土，1927年建成，面积5234平方米，成为培养理科人才的重要基地。数十年来，师生中仅担任中国科学院副院长的便有竺可桢、严济慈、李四光、童第周、吴有训五位。1952年院系调整，成立南京工学院后，为纪念并入部分系科的江南大学，科学馆更名江南院。1992年学校九十周年华诞，复更名为健雄院。

健雄院

撰文/秦　岭
摄影/王轶颀

南京师范大学

今天的南京师范大学校园，原为金陵女子大学随园校区。随园按东西向的轴线对称布局，入口设置林阴道以加强空间的纵深感，主体建筑物以大草坪为中心对称布置，100号楼后设计了一个以人工湖为中心的花园，中轴线的西端结束于以丘陵（西山）为制高点的中式楼阁。建筑的外观造型采用中国传统宫殿式建筑风格，内部材料和结构采用西方钢筋混凝土结构，建筑物之间以中国古典式外廊相连接，为中西合璧的特色建筑群，被称为"东方最美丽的校园"。

华夏图书馆楼

华夏图书馆楼，主体两层，屋顶一层，建筑面积1397平方米。钢筋混凝土结构，单檐歇山顶，檐口简化不做斗拱，底层外墙用水泥粉刷，并用大型组合钢窗，室内装饰为中国传统形式。现为南京师范大学图书馆兼院办公室。

华夏图书馆楼

会议楼

会议楼

会议楼，原为接待厅和室内运动场，又名中大楼，由美国史密斯女子大学捐款建造，现为100号楼。会议楼坐西朝东，建筑面积1432平方米，单檐歇山顶，小瓦屋面，中部屋顶略高，立面左右对称。主体为两层，地下室一层，屋顶一层。主体为钢筋混凝土结构，屋架有木结构和钢筋混凝土结构两种。

500号楼

科学馆

文学馆

科学馆

科学馆，原为自然科学楼，现为200号楼。建筑面积1541平方米，钢筋混凝土结构，单檐歇山顶，主体两层，屋顶一层。平面布局为内廊式，楼梯设在大楼中部。

文学馆

文学馆，原为教室兼行政楼，现为300号楼。建筑面积1492平方米，钢筋混凝土结构，单檐歇山顶，主体两层，屋顶一层。平面布局为内廊式，楼梯设在大楼中部。正门入口处，建有一个宽大的门廊。

400号楼

400号楼和500号楼

由美国著名建筑设计师墨菲和中国著名建筑设计师吕彦直共同设计，陈明记营造厂承建，1922年开工建设，1923年建成。400号楼和500号楼原为学生宿舍。现400号楼为数学学院和计算机科学院，500号楼为南京师范大学外国语学院。

大礼堂

大礼堂，现为教工活动中心，建筑面积1444平方米。钢筋混凝土结构，单檐歇山顶，主体两层，屋顶一层，地下室一层。

大礼堂

撰文 / 秦　岭
摄影 / 王轶顼

苏州大学

东吴大学是苏州大学的前身之一。

中国近代历史上的教会大学作为中西文化交流的重要媒介，在建设过程中始终伴随着西方建筑文化的移植和本土化的二重奏。东吴大学的校舍规划设计倾向于比较纯粹的西式风格，但也反映出一定的本土化构想，即在西化的风格中包含了某种中西融和与折中的意味，而这种特征表达得比较含蓄和微妙。

这些校舍从1903年至1935年分十次陆续建成，虽然每一幢建筑各不相同，但都是以红砖叠砌为主的砖木混合结构，都带有古罗马式石柱和圈廊组合在一起的装饰风格，使整个校园显得整齐而又变化多端，疏朗而又气势磅礴，突出了教会学校建筑的异国风采，具有明显的时代特征。

老校门

钟楼

钟楼

钟楼早年又名"林堂",系该校最古老的教学主楼,由英国设计师设计。钟楼以红砖勾勒框架和窗楣,青砖填充墙面,而柱式、线脚和花饰则为石制。高高耸立的钟塔在外廊和两边壁柱的衬托下显得优雅挺拔,青红砖墙与石材条带组合而成的色调沉着而明快。建筑上方的钟塔位于校区的中轴线上,顶部置有报时大钟。作为教会学校,东吴大学早期设有神学课程,师生的祈祷、布道活动多于此处进行。象征圣母和天国的玫瑰窗、花式窗棂及钟塔是基督教教堂的建筑特色,它的引入凸显了学校的宗教氛围,也令其在一般的西式房屋中显得不同凡响。钟楼在建筑形式上隽秀雅致,比例优美精当,是整个学校的标志性建筑。钟楼落成后,成为当时苏州地区规模最大的西式建筑。校长孙乐文为此十分自豪,他在回忆录中写道:"我怀疑在中国是否还有另外一幢这样漂亮的大学建筑,恐怕没有比这更合适我们工作的大楼了。"

钟楼特写

精正楼

精正楼

精正楼时名"孙堂",为纪念首任校长孙乐文而命名。其外观不同于钟楼,呈现欧洲中世纪寨堡古朴厚重而内敛的特色。主立面采取哥特式复兴构图,轮廓整齐庄重,比例均衡和谐,其入口处理成高大突出的尖券门廊。尤其值得称道的是,中国工匠以高超精湛的砖工技巧充分表现出了西方传统建筑中复杂的线脚和装饰,风格纯正,具有很高的艺术和技术水平,是近代西式风格建筑中难得的精品。夏日的精正楼外立面爬满了藤蔓,与美国常春藤大学的校舍面貌十分相似,有一种无法言说的高贵、雅致、神秘和幽静。

子实堂

子实堂

子实堂建成于1930年,为纪念东吴大学的奠基人之一、美籍教育家曹子实先生而命名。建筑基本以红砖为主,是当时的学生宿舍,楼高四层,风格简朴、明快,稍微突出了入口的设计。

葛堂

葛堂位于钟楼东面,于1922年奠基修建,是一幢为纪念葛赉恩校长的父亲而命名的理科大楼。葛堂外观方正朴实,以竖向线条作三段式处理,以哥特式飞扶壁和尖拱门洞装饰突出位于正中的入口大门。建成时,建筑顶部有哥特式的小尖塔,日久已损坏。葛堂同样以红砖砌筑,造型简洁。

葛堂

圣约翰堂

圣约翰堂

圣约翰堂位于苏州古城东部，十梓街18号，与苏州大学（原东吴大学）毗邻。因临近东吴大学，该堂成为东吴大学教徒师生早晚祷告、周末礼拜之所在。尽管该堂不在原东吴大学校园内，但每当傍晚响起祈祷钟声和唱诗歌声时，圣约翰堂也似乎与宗教氛围浓郁的东吴大学全然融为一体了。

维格堂

维格堂由我国现代冶金工业第一人李维格之子捐赠，位于东吴大学大草坪旁。在李维格逝世后，其子遵循他的遗愿，以房产之收入，在东吴大学设立科学奖学金；又将出售房产所得，在东吴大学营建"维格堂"作为男生宿舍，而以宿舍收入的一部分用以奖励科学研究。古朴而厚实的维格堂屹立于美丽的苏州大学校园内，至今仍完好无损。

司马德体育馆

司马德体育馆建于1934—1937年间，是东吴大学校舍发展第二个阶段的代表作品，因纪念美籍教师司马德在东吴倡导体育教学的功勋得名。这是一座两层建筑，主体部分屋架采用钢屋架和木斜梁支撑。窗洞高大，采用半圆券式样，保证了室内采光。入口突出并饰以文艺复兴式线脚，上有孔祥熙所题"体育馆"三字。

维格堂

司马德体育馆

浙江大学

撰文 / 徐卓斌
摄影 / 王轶颀

浙江大学是浙江省一所历史悠久且至今在国内大学排行榜上居于前列的大学，早在民国时期就有"东方剑桥"美誉，是民国"四大名校"之一。说起校园风景，随着浙大之江校区近几年走入公众视线，现在的之江校区是拍摄婚纱、电影的天然影棚，冯小刚创造高额票房的电影《唐山大地震》，便有许多镜头出自此处。

之江校区坐落于秦望山，东邻六和塔，西接九溪十八涧，南临钱塘江，风景绝佳。以之江为名，是因为这里不属于浙大，而是老牌教会大学——之江大学的旧址。之江大学由在华传教士创建，其中有一任校长便是司徒华林，即燕京大学首任校长、曾任美国驻华大使的司徒雷登之弟。之江大学在民国时期算是名校。之江大学在20世纪50年代停办后，这里成为浙江大学少数系科的所在地，偏居一隅多年，长期得不到公众的关注。这块地方的建筑保存得原汁原味，也正是得益于这种孤独。可以说，浙大之江校区是中国目前保存最完好的近代大学建筑群，曾获"世界近代学府建筑完整保护建筑第二名"，2006年列入"全国重点文物保护单位"。

整个之江大学建筑群，以欧式建筑风格为主，带一些欧洲文艺复兴时期情调，其异国风情与六和塔、钱江潮、月轮山交叠融合，取法自然，错落有致，有着浓厚的审美意蕴。整座之江校园并无明显中轴线，大致以慎思堂为中心环绕半圈，二十余幢保存完好的建筑随山势高低错落，与山融为一体。

慎思堂

钟楼

慎思堂

慎思堂,历史已近百年,与钟楼对面呼应,共三层。坡顶设计得较为简约,下有圆拱形窗,底层门厅的多立克石柱颇有特色,大门台阶下有一对石狮蹲坐草地之上,据说民国初年孙中山曾由陈其美陪同到此视察,并在楼前发表过演说。慎思堂由美国人捐建,历经百年沧桑,外形不显疲态,内部经重新装潢仍风采依旧,古朴典雅,是之江老建筑中重新修复、重新利用的典范。现在的慎思堂被划拨给光华法学院作为办公用房。浙大几年前接受了台湾光华基金会的亿元捐赠,决定大力发展法学教育,于是就将这座大楼作为法学院办公楼。慎思堂这个楼名,也正适合法律人博学慎思的品性。

钟楼

从钱塘江畔顺"之"字形山路进入之江校区,迎面而来的第一座老建筑便是钟楼。钟楼原是之江大学经济学馆,建于1936年,由民国著名报人、上海《申报》老板史量才捐建,主体部分高三层,正中为四层高钟塔,清水红砖外墙。整座建筑挺拔向上,收分自如,线条清晰,古朴中透露着现代感。建筑位于山脚坡地,整体呈"山"字形,左右对称,风格严谨。远望钟楼,在山林中傲然独立,似乎言说着近代知识分子的济世宏愿。该建筑如今外表稍显破旧,但楼上之钟仍可准确报时。

上红房

上红房、下红房

山顶的"下红房"、"上红房"是别墅造型,风格一致。均用普通红砖砌成,圆拱形的外廊顶上有略加雕琢的古希腊式柱头,其用途曾是学生宿舍。下红房曾是司徒雷登居所,他的弟弟司徒华林曾任之江校长,据说其父亲也曾在此校任教。司徒雷登一家与杭州这座城市有着深厚的渊源。他的父亲长期在此传教,司徒雷登本人即出生在杭,1949年后回美,在美国去世后,于前几年移葬杭州。浙大计划大力发展法学研究,拟从海内外招纳名家来此任教,试行"教授治校",并承诺将这些别墅作为大师居所,但目前仍未如愿,实为一桩憾事。

都克堂

都克堂建于1915年,又名育英堂,位于慎思堂西北,为教堂造型,最初是作为校内教堂使用。建筑高两层,由礼拜堂和塔楼组成,外墙用粗石砌筑,入口处设拱形门,三角形尖顶门厅,顶部是青色瓦楞双坡屋顶。屋顶处原有十字架,"文革"时期被拆除。都克堂曾用作礼堂报告厅和学生俱乐部。

都克堂

东斋、西斋

东斋为三层砖木结构建筑,入口处墙体向外凸出,底部设古典主义风格门厅,门楣上方饰有半圆形的山花。立面简洁,无过多装饰。西斋与东斋相邻,是姊妹楼,建筑年代相同,外观相似。

东斋

西斋

安庆师范学院

撰文 / 徐卓斌
摄影 / 上海微图

安庆师范学院是安徽省近代高等教育的发源地,有着一百多年的办学历史。1897年,安徽省学敬敷书院移建于此。1898年,清光绪皇帝谕令改为求是学堂。1902年,改为安徽大学堂,后为安徽武备学堂、安徽陆军学堂、安徽法政专门学校。1928年,省立安徽大学在此建立。1946年,改为国立安徽大学。1949年以后,这里几经变迁但办学不辍。1980年5月,经国务院批准,成立安庆师范学院。

省立安徽大学教学楼

位于安徽省安庆市的原省立安徽大学原址,现由安庆师范学院使用,旧址的教学楼建于1934年,由上海大德工程设计社设计,南京缪顺兴营造公司承建。教学楼的外墙用红砖砌筑,因此又被称为"红楼"。建筑底楼入口处,以对称的列柱支撑起门厅,门厅上方是二楼的大阳台,顶端山墙为中式风格,用寓意吉祥的植物藤蔓作装饰。该建筑不仅代表着安徽省近代高等教育的发展历史,也是安徽省内一座经典的西式近代建筑。

省立安徽大学教学楼

敬敷书院

敬敷书院

敬敷书院坐落于安庆师范学院内,坐东朝西,砖木结构,现存建筑东西长70.7米,南北50米,南北两侧各筑讲堂五组,保存完好。敬敷书院是清代安徽办学规模最大、办学时间最长的一所官办书院,为国立安徽大学的前身。敬敷书院现存的六间考棚,有5000多平方米的清代建筑群,考棚内至今还保存有清光绪二十三年(1897年)的考棚正梁、考卷、桐城派文学大师姚鼐的著作等。

撰文/徐卓斌
摄影/熊 伟

武汉大学

武汉大学的历史可追溯至1893年湖广总督张之洞奏请清政府创办的自强学堂，历经演变，至1928年定名为国立武汉大学，是中国近代较早建立的一所大学。在民国时期，武汉大学就已经名满海内外，是华中地区大学之首。20世纪30年代耗费巨资建设的珞珈山校区，不仅在建筑美学上发挥到了极致，而且至今仍发挥着重要的实用功能。直到今天，武汉大学校园仍被社会各界评选为"中国最美校园"。

武汉大学环绕东湖，环境优美，占地面积5167亩，建筑面积222万平方米。中西合璧的宫殿式建筑群古朴典雅，巍峨壮观，早期的一些建筑被列为"全国文物重点保护单位"。校内有珞珈山、狮子山、侧船山、半边山、小龟山、火石山等，蜿蜒起伏，相互呼应，错落有致。登高远眺，视野开阔，气势恢宏，典雅凝重。

图书馆

校门牌楼

校门牌楼

作为武汉大学的"门面",校门牌楼集大气古韵于一体,牌楼上从右到左用繁体镌刻着"国立武汉大学"六字,而对牌楼文字一种特别的解读法则是自左往右读为"学大汉,武立国",体现了年轻人特有的方刚血气。校门牌楼下的石碑上刻有武大校训,牌楼背面也刻着六个大字,概括了武大的基本学科分类,从右至左依次是"文、法、理、工、农、医",这种分类法延续至今。

稍显遗憾的是,如今这座牌楼并非建校初期的老古董,而是在1993年百年校庆前夕仿照老牌楼,由海内外校友集资建造的,其造型与老牌楼一脉相承。四根八棱柱,表示欢迎来自四面八方的学子;柱头上的云纹,表示高等学府的深邃高尚;上覆孔雀蓝色之琉璃瓦,这种琉璃瓦也见于上海外滩的中国银行大楼楼顶,可见是当时的流行色。

樱顶宿舍

樱顶,其名来自于特殊的地理位置:樱花就在楼下,因此这里又被称作樱花城堡;顶,即是房顶,也是武大之顶,因为这里是武汉大学校园里最高的地方。樱顶宿舍是三座模样相同的宿舍楼的联合体,并列相连,更显气势不凡。建筑相连或镂空的地方设有栏杆,可凭栏赏景,居高临下,一览校园风光。

樱顶宿舍

老斋舍

老斋舍内景

老斋舍

老斋舍就是现在的樱园宿舍，是武汉大学最古老的建筑之一，同老图书馆一样，代表了武大的灵魂。四幢民国时期的建筑沿山而建，门洞相连，最有韵味的地方，是按"天地玄黄、宇宙洪荒、日月盈昃、辰宿列张"来为十六个门洞取斋名，使普通的学生宿舍平添了顶天立地的豪迈气息。

老图书馆

武汉大学图书馆，现在已称为老图书馆，因为新的图书馆如今已拔地而起。然而，当年这座老图书馆刚落成时，却实在是美轮美奂，领一时风气之先。建于民国时期的建筑，是以当时的需求为基础设计施工的，在当时看来很宽敞的空间，面对今天数以万计的学生、数以千计的教师未免显得狭小。武大的老图书馆犹如一件精致的艺术品，轮廓清晰、线条流畅、脊檐飞翘、气势恢宏，且远离尘嚣、屹立山巅，读书人自会体味到它的庄重和谐、宁谧典雅。

老图书馆

工学院

工学院

　　工学院就是现在的行政楼，建于1936年，建筑面积8140平方米，造价40万元，其中由中英庚款董事会资助12万元。建筑背靠珞珈山，坐南朝北，平面呈矩形，四面裙房以主楼为中心对称，主楼前建有两座穹顶瞭望台。1952年院系调整后，武汉大学工学院被撤销，这座建筑成为武汉大学的行政办公楼，直至今日，几经修缮，基本保留了原来风貌。

理学院

　　理学院现为科学会堂，主楼为钢混结构，平面呈八边形，屋顶是有拜占庭风格的圆形穹顶。这个穹顶直径20米，与工学院的方形墙体和玻璃方屋顶相呼应，体现出"天圆地方"的建筑理念。

理学院

宋卿体育馆

宋卿体育馆

宋卿即指民国时期的重要人物黎元洪。黎元洪，字宋卿，本是清朝新军的一名中上级军官，官职相当于旅长。辛亥革命中新军起义成功，却群龙无首，倒让他搭了趟顺风车，摇身一变参加革命，一直坐上民国总统的宝座，这不得不说是一种政治上的福分。黎大总统死后欲葬于此，被学校拒绝，其后人黎绍基、黎绍业捐资在学校建立了这个体育馆，也算"名垂宇宙"了。体育馆1936年7月竣工，采用钢筋混凝土梁柱，屋顶采用跨度30多米的三铰拱承重，这在西方当时也是非常先进的工艺。四周绕有回廊，正面看台有中式重檐，屋顶覆绿色琉璃瓦，山墙取巴洛克式，是比较典型的中西合璧建筑。

半山庐

十八栋之五

半山庐

半山庐位于珞珈山北麓的山腰，建于1933年，由胡道生合记营造厂承建。从表面看，这实在是一座简单的建筑，几乎不修边幅、不施粉黛。二层砖木结构，建筑面积500余平方米，立面中部和两端前凸，纵向分成五个部分，两个阳台连接了三个相对独立的楼体。正中设主入口，上方设一个装饰性的挑檐顶。灰砖外墙让小楼显得十分古朴，屋顶用墨瓦铺设，屋檐微挑，不过分强调装饰。小楼门前的庭院平坦开阔。建成之初，这里是武大单身教授宿舍。抗战爆发后，蒋介石夫妇在武汉期间曾居住于此。现在这里是武汉大学董事会、武汉大学校友会办公地。

十八栋

十八栋是对武汉大学教工宿舍的一个统称，一共由十八座建筑组成。这些建筑基本都是英式乡间别墅样式，但每座建筑都有各自的特点，周围山林环抱，清幽淡雅。抗战时期，周恩来、邓颖超夫妇曾在此居住，这里还有郭沫若的旧居。因为是宿舍区，而且现在仍有人居住，因此显得有些破败、零乱。如果能好好加以修缮，进行功能定位上的创新，倒有可能让老建筑生发第二春。

十八栋建筑的上山弯道

撰文/袁 飞
摄影/熊 伟

湖北中医药大学

湖北中医药大学昙华林校区，原址为文华大学。1871年，原基督教美国圣公会创办了文华书院，初为男童寄宿学校，名叫文惠廉纪念学堂，中文校名为文华书院，英文名为Boone Memorial School。1890年增设高中，成为六年制完全中学。1901年英国人翟雅各（James Jackson）任院长之后，发展迅速，1903年又增设大学部，后演变为文华大学，这是武汉地区最早的近代高等学校。1924年改名为华中大学。1951年组建公立华中大学。1952年全国高等学校院系调整，改制为华中高等师范学校。1953年定名为华中师范学院。1985年学校更名为华中师范大学，华中师范大学迁走后，校址为湖北中医学院所用。后经并校，于2010年更名为湖北中医药大学。文华书院校址在武昌昙华林街111号，校内存有大量的历史建筑。

圣诞堂

圣诞堂，原系美国基督教圣公会在文华大学内建造的校园礼拜堂。位于湖北中医药大学的校园内5号楼，建造于1870年，为西式建筑。其廊柱造型为仿古希腊围廊式的神庙风格，柱式代表女性美，有呵护女神的意味。这座建筑没有钟楼、塔楼，围廊围而不满，体现基督教平等、自由的思想。该建筑为省内独有，且是湖北省大学校园中兴建最早和使用时间最长的礼拜堂。辛亥革命期间，日知会成员刘静庵、胡兰亭、余日章等在此宣传反清革命思想。1906年，由张纯一作词、余日章作曲的《学生军军歌》在此诞生。2002年维修圣诞堂，把木板地面改为大理石，三拱券门改为方门。

圣诞堂

翟雅各健身房

翟雅各健身房以原文华大学首位校长翟雅各的名字命名,建造于1921年。健身房系中西合璧的两层建筑,中式屋面,西式屋身。

文学院

文学院,1903年文华大学成立时始建。保留了西式低层小楼格局,融合了中式院落特征。在教学楼入口建有门斗,呈三角形样式,很有西式建筑的风韵。跨上台阶,穿过中间的楼道,便是天井。站在长满青苔的石地上,仰望整个建筑,经过无数风雨冲刷的木质栏杆依然坚固,半圆拱顶的门窗虽显陈旧,但还未破败。据说,当年的天井中央还悬有一口大钟,每当上课钟声响起,学生们纷纷走进教室,整个校园极为安静,只有大师们的精彩演讲声不绝于耳,在校园上空回荡。正是在这座百年老建筑里,孕育并发展出了中文系、历史系、英文系、政治系、哲学系等华中师范大学文科专业的前身。

理学院

建于1909年前后,现为7号楼,为砖木结构二层西式建筑。

翟雅各健身房

文学院

理学院

厦门大学

撰文/施昌书
摄影/叶　缘

厦门大学是由著名爱国华侨领袖陈嘉庚于1921年创办的,是中国近代教育史上第一所华侨创办的大学。厦门大学嘉庚风格的校园建筑,始建于20世纪20年代,包括群贤楼群、芙蓉楼群、建南楼群三个各自独立而又彼此联系的建筑组群。

嘉庚风格建筑体现了中西建筑文化的融合,具有独特的建筑形态和空间特征。在建筑样式上呈现出闽南式屋顶,西洋式屋身,南洋建筑的拼花、细作、线脚等特征;在空间结构上注重与环境的协调;在选材用工上"凡本地可取之物料,宜尽先取本地生产之物为至要"。这种风格经历了由全面西方建筑特色向富有闽南地域特色建筑样式的转变,直至形成不土不洋、中西混合的独特新奇的建筑形态,即注重闽南式大屋顶与西式外廊建筑式样的巧妙结合,以斜屋面、红瓦、拱门、圆柱、连廊、大台阶为基本特征。

群贤楼群全景

群贤楼群

群贤楼群包括映雪楼、同安楼、群贤楼、集美楼、囊萤楼等五幢建筑。该楼群呈"一"字形排列,坐北朝南,砖石木结构。

楼群兴建于1921年5月,1922年底竣工,是厦门大学的首批校舍。群贤楼群动工兴建时,陈嘉庚为了表达自己教育兴国的决心,特地选择5月9日(即国耻纪念日)作为校舍奠基日。校舍落成后,陈嘉庚将一号楼与五号楼分别命名为映雪楼和囊萤楼。"映雪"、"囊萤"二语,出自古人孙康、车胤不畏贫困、勤奋好学的典故。二号楼与四号楼,陈嘉庚则以"同安"和"集美"两地名命名,表达了陈嘉庚为振兴家乡,办好国民教育的决心。中间主楼落成时,有人建议取名为"嘉庚楼",当即被陈嘉庚否定。又有人建议以"敬贤"(陈嘉庚之弟名)命名,陈嘉庚经过一番思考后,改"敬贤"为"群贤",取"群贤毕至、少长咸集"之意。当时群贤楼、同安楼和集美楼为教学楼,映雪楼和囊萤楼为学生宿舍楼。

1938年5月至1945年8月,厦门沦陷期间,厦门大学成为日寇军营,校舍受到极大破坏。1946年厦大复校后,对群贤楼群等进行了修缮。20世纪八九十年代再次维修。

映雪楼和囊萤楼为三层建筑,平面均呈双角楼内廊式布局。墙体为花岗岩条石砌筑,楼面为木结构上铺红色斗底砖,双坡西式屋顶,屋顶铺红色机平瓦,山墙开尖拱形窗。三楼设前廊,八根西式圆柱承托屋檐。两楼、三楼中亭亭楣上分别镌有陈嘉庚和陈敬贤手题的"映雪"、"囊萤"字样。

集美楼和同安楼为二层建筑,墙体为花岗岩条石砌筑,楼面为木结构上铺红色斗底砖。平面呈前廊式布局,一楼为拱形廊,二楼为方形廊,廊中间装饰西式的檐柱。屋顶为双翘脊歇山顶,脊尾呈燕尾式。同安楼和集美楼的楼名分别为时任厦门道道尹的陈培锟和原思明县县长来玉林手书。

群贤楼平面呈"T"字形,前廊式布局,墙体同样为花岗岩条石砌筑,楼面为木结构上铺红色斗底砖。中部屋顶为双翘脊重檐歇山顶,两翼为双翘脊歇山顶,脊尾呈燕尾式,山墙及屋檐下有闽南传统的灰雕泥塑及木雕垂花装饰。"群贤"楼名为时任厦门大学校长林文庆手书。

中央主楼的屋顶采用闽南民居的大屋顶"三川脊"式歇山顶,高低错落,富有节奏感。集美楼、同安楼还是以中式风格为主,花格屋脊、石结构墙体,筑造典雅独特。出自勤奋读书的典故而命名的囊萤、映雪两座楼,其建筑风格则趋于西洋式。整个群贤楼群的这种中式占主导地位、西式为辅的建筑风格,体现了陈嘉庚先生对民族精神的崇尚和强调。囊萤楼由于是中共福建省第一个党支部所在地而被列为厦门历史文化名楼。集美楼是当年鲁迅在厦门大学工作、生活过的住所,现辟为厦门大学"鲁迅纪念馆"。

芙蓉楼群一角

芙蓉楼群

芙蓉楼群由芙蓉一、二、三、四号楼和博学楼组成。除博学楼建于1923年外，其余建于1951年至1954年。博学楼初建时为教职工宿舍，1953年在此建成厦门大学人类学博物馆。芙蓉一、二、三、四号楼为学生宿舍。

芙蓉楼群基本呈半环状布局。芙蓉一、二、三、四号楼平面呈双角楼前廊式布局，一、四号楼为三层建筑，二、三号楼主体为三层，局部为四层。楼群为砖石木结构，楼面均为木结构上铺红色斗底砖。芙蓉一、二、三号楼墙体以红色清水砖砌筑，花岗岩作装饰镶砌。芙蓉一号楼主楼屋顶为硬山顶，角楼为歇山顶。芙蓉二、三号楼门楼及角楼屋顶为歇山顶，两翼为硬山顶，脊尾呈燕尾式；屋面均铺绿色琉璃瓦，角柱作"出砖入石"装饰，拱券、栏杆及窗套均为西式装饰。芙蓉四号楼高三层，墙体以花岗岩条石砌筑、红色清水砖作装饰镶砌，屋面为双坡西式屋顶，上铺红色机平瓦，拱券、栏杆及窗套均为西式装饰。博学楼高三层，平面呈双角楼内廊式布局，墙体为花岗岩条石砌筑，屋面为双坡西式屋顶，上铺红色机平瓦。

芙蓉楼群局部

建南楼群

建南楼群

建南楼群系20世纪50年代初,由陈嘉庚的女婿李光前捐资、陈嘉庚督造的,曾是厦大颇具风格的标志性建筑群。

在厦门大学的嘉庚风格建筑中,以建南楼群最为宏伟壮观,它是陈嘉庚倾注心血最多的杰作。建南楼群亦由"一从四主"的五幢楼组成,主楼为建南大礼堂,东侧为南光楼、成智楼,西侧为南安楼、成义楼。五幢楼排列成弧形,巍然耸立在山坡上,正面向南俯瞰大海,楼前辟为半椭圆形的大运动场,利用楼群与运动场之间的落差,因地制宜地砌成可容纳两万人的大看台。由于运动场与看台都呈弧形,恰似上弦月,故称之为"上弦场"。

建南楼群建于1951年至1954年。其时成义楼为生物馆,南安楼为化学馆,建南楼为学校大礼堂,南光楼为物理馆,成智楼为图书馆。中式风格的建南大礼堂位居中央,其余四座西式风格建筑分列两侧。该建筑群系嘉庚风格建筑的精品和代表作,也是厦门大学的标志性建筑。

建南大礼堂

建南大礼堂建在演武场东南角山岗上，1952年开工，1954年竣工。该建筑工艺精细巧妙，最大特色为楼房前面最高处为25米的中式歇山顶与精细雕砌的各种吉祥图案，尤其是特大的张灯结彩、垂珠彩帘图案的点缀方式，使之成为融汇古今、中西结合、博采众长的一大独特景观。

建南大礼堂

鲁迅纪念馆

鲁迅纪念馆，位于厦门大学集美楼。从1926年9月4日至1927年1月16日，鲁迅在厦门期间曾寓居于此。1952年在此设立厦门大学鲁迅纪念馆。这是目前国内唯一设在高校里的鲁迅纪念馆。

该馆共有五室，其中一室为鲁迅故居，其余四室以六百多件文物和照片、资料，分别介绍鲁迅的生平和他在绍兴、北京、厦门、广州、上海各历史时期的战斗历程，其中在厦门的部分是展出重点。

鲁迅纪念馆

撰文 / 施昌书
摄影 / 叶 缘

集美大学

集美大学是福建省重点建设的高校之一，学校办学始于爱国华侨陈嘉庚1918年创办的集美师范学校。其校园建筑蕴含着强烈的爱国思想和浓郁的乡土情结，在几十年建设校园的过程中，始终坚持将西方实用的建筑形式与中国传统的建筑形式和营造技法有机地糅合在一起，在单体建筑上形成了以西式屋身和中式屋顶相结合的建筑形式，人称"穿西装，戴斗笠"的嘉庚式建筑。集美大学建筑群包括尚忠楼群、允恭楼群、南侨楼群、南薰楼群等十七幢建筑。

允恭楼群

允恭楼群坐落于集美嘉庚路1号，该楼群包括即温楼、允恭楼、崇俭楼和克让楼。该楼群建于一山冈上，沿山势基本呈"一"字形排列，山冈下为学校体育场。

即温楼，现为集美大学航海学院教学楼。建成于1921年4月，时为集美中学教学楼。抗战胜利后改为高级水产学校教学楼，1949年集美解放前夕及解放初两次被国民党炮击损坏，1951年修复。

允恭楼，现为集美大学航海学院办公楼。建成于1923年8月，时为集美水产科教学楼。抗战期间，遭日军飞机轰炸受损，1945年底修复。该楼坐西朝东，砖石结构，共四层，平面呈前廊式布局。一至三楼中部为外突半圆形敞廊，由六根罗马柱承托。一、二楼为拱券廊，三、四楼为方形廊。屋顶为平顶，红砖铺面。外墙以粉白色为主色调，柱头、窗楣及栏杆作巴洛克式装饰。

崇俭楼，现为集美大学航海学院学生宿舍。建成于1926年2月，时为集美商科学校教学楼。抗战期间，遭日军飞机轰炸受损，1946年修复后，为集美水产航海学校教学楼。该楼坐西朝东，系双角楼式砖木结构楼房，共三层。平面呈前廊式布局，门楼、角楼及三层长廊为拱券廊。门楼屋顶为三翘脊硬山顶，脊尾呈燕尾式，屋面铺绿色玻璃瓦。角楼屋顶为平顶，红砖铺面。主体以红色清水砖墙承重，花岗岩作装饰镶砌。角楼以粉白色为主色调。角楼、门楼、柱式和栏杆等均作西式装饰。

克让楼，现为集美大学航海学院学生宿舍。建于1950年，时为集美水产航海学校教学楼。该楼坐西朝东，共三层。平面呈前廊式布局，东面设六角形过廊。外墙为砖石砌筑，内部为砖木结构。双坡西式屋顶，屋面铺红色机平瓦。山墙、栏杆作西式装饰，角柱作"出砖入石"装饰。

允恭楼群

尚忠楼群

尚忠楼群

尚忠楼群坐落于集美集岑路1号，该楼群包括尚忠楼、诵诗楼和敦书楼。尚忠楼居中，敦书楼和诵诗楼分立左右两侧，呈半合围式。

尚忠楼，现为集美大学财经学院学生宿舍。建成于1921年2月，时为集美女子中学教学楼。抗战期间，遭日军飞机轰炸受损。1946年修复后，为集美高级商科学校教学楼。1949年集美解放前夕，该楼再次遭受国民党炮击损坏，1951年再次修复。该楼坐北朝南，主体为三层，中部门楼为四层。平面呈前廊式布局，建筑外墙以红色清水砖为主，花岗岩作装饰镶砌，内部为砖木结构。屋顶为西式双坡顶，外廊部为平顶，屋面铺红色机平瓦。门楼、山花、拱券、栏杆及窗套装饰为西式风格。

诵诗楼，现为集美大学财经学院学生宿舍。建成于1921年2月，时为集美女子中学教学楼。抗战期间遭到日军飞机轰炸，1946年修复后，为集美高级商科学校教学楼。该楼坐东朝西，共三层，其建筑特色与尚忠楼相似。

敦书楼，现为集美大学财经学院学生宿舍。建成于1925年8月，时为集美女子小学教学楼，抗战期间遭日军飞机轰炸，1946年修复后改为集美高级商科学校教学楼。该楼坐西朝东，中部门楼及南翼为三层，北翼为两层，砖木结构。平面呈前廊式布局，南北两翼为拱券廊，门楼一、二层为圆拱和尖拱相结合的西式券廊，三层为中式传统柱廊。门楼屋顶为双翘脊重檐歇山顶，脊尾呈燕尾式，屋面铺绿色玻璃瓦。两翼屋顶为双坡顶，外廊为平顶，屋面铺红色机平瓦。门楼屋檐及山墙装饰闽南传统的木雕垂花及灰雕泥塑，柱头、拱券及栏杆则为西式装饰。

科学馆

科学馆

科学馆,坐落于集美集岑路2号,现为集美大学科学馆。建于1922年9月,抗战期间,被日军飞机轰炸受损,1946年修复。1949年11月再次遭国民党飞机轰炸,1951年修复。该楼坐北朝南,砖木结构。门楼及角楼为四层,两翼为三层。建筑设前后廊式,一楼为拱券廊,二楼为方形廊、中间装饰哥特式圆柱,三楼设前后阳台。屋顶为西式双坡顶,铺红色机平瓦。外墙以粉白色为主色调。门楼及角楼山墙装饰丰富,柱头、屋檐及山花作巴洛克式装饰。

撰文 / 王天广
摄影 / 吴江波

福建师范大学

胜利楼

　　福建师范大学是福建省人民政府与教育部共建高校，是我国建校最早的师大学之一，前身为1907年由清朝帝师陈宝琛创办的福建优级师范学堂。新中国成立以后，由华南女子文理学院、福建协和大学、福建省立师范专科学校等单位几经调整合并，于1953年成立福建师范学院，1972年易名为福建师范大学并沿用至今。

民主楼

和平楼

应用科学技术学院

音乐学院楼群(一角)

音乐学院楼群

协和学院大楼

南开大学

撰文/徐卓斌

思源堂

南开大学创办于1919年，创办人是著名爱国教育家张伯苓和严范孙，成立之时设文、理、商三科，后发展为综合性大学。

抗日战争时期，南开大学与北京大学、清华大学在昆明组成举世闻名的西南联合大学，被誉为"学府北辰"，是中国最著名的大学之一。南开大学培养了以周恩来、陈省身、吴大猷、郭永怀、曹禺等为代表的一大批杰出人才，为民族振兴和国家富强作出了重要的贡献。

1952年高校院系调整，南开大学由全门类的综合性大学改为偏向文理科系的综合性大学。目前，南开大学是国家"985工程"、"211工程"和教育部直属重点综合性高校。

思源堂

南开大学是老牌的私立大学，但其校园内由于战乱影响，老建筑遗存不多，思源堂则是硕果仅存。思源堂位于南开校园中心花园南侧，始建于1923年，于1925年落成。建筑面积3952平方米，共三层，外观简单，古朴庄重，高台上的六根罗马大石柱是建筑最富特色的部分。思源堂原先供理工系科使用，现为医学院第二教学楼。

撰文/徐卓斌 袁飞
摄影/上海微图

天津外国语大学

天津工商学院为20世纪上半叶法国天主教会在中国天津市创办的一所大学，现为天津外国语大学。该校筹创于1920年，选定天津英租界马厂道（今马场道）为校址。

1923年，经罗马教廷批准，直隶东南耶稣会兴办的天津农工商大学成立，后定名为天津工商大学，教会名称为天津圣心学院，这是天主教在华北兴办的第一所大学。1933年，因院系设置未达到教育部标准，易名为天津工商学院。1948年更名为私立津沽大学。1952年全国高校院系调整，津沽大学工、商两学院调出，以原津沽大学师范学院为基础，在原校址建天津师范学院。1958年更名为天津师范大学。1960年夏，天津师范大学改为综合性大学，定名为河北大学。1970年，河北大学由天津迁至河北保定，原校址由天津外国语大学使用至今。

主楼

主楼始建于1924年，建成于1926年，由法国永和工程公司设计，为三层砖混结构建筑，坐南朝北，正面临马场道，主门厅居于正中，建筑面积4917平方米。立面为法式古典主义风格，底层和半地下室构成基座，用大块蘑菇石砌面，二、三层采用带花饰的红色机制砖砌筑。墙面上做白色壁柱，刻横向凹槽。主入口设在正中，用四根塔司干双柱组成门厅的柱廊。顶部正中是法式风格的穹顶，穹顶屋面上嵌一座大钟，屋顶两端饰有三角形山花。

该建筑室内装修考究，门厅、内廊均用彩色马赛克组成地板图案，一至三层设教室、备课室和办公室，西侧翼楼设有教堂，并设有单独入口。如今，这座建筑是天津市文物保护单位和特殊历史风貌建筑。

主楼

北疆博物院

北疆博物院

自明代以来，传教士对中国科学的发展是有影响的，天津耶稣会法国籍传教士桑志华创建博物馆就是一个典型案例。桑志华是一位地质、生物学家。来到中国后，他广泛游历华北、西北各地，并远赴西藏，所到之处，潜心收集各种地质、岩矿、古生物和动植物等方面的大量标本化石。筹建天津工商大学时，他提出建立北疆博物院以填补北方地区缺少博物馆的空白。1922年，在工商大学院内修建了博物馆办公楼。1925年，建造了博物馆。博物馆为钢筋混凝土结构建筑，高三层，占地面积300平方米。为保证藏品安全，设计了防盗门和双重窗户。1930年，又在办公楼南首增建新楼，南北二楼又以通道相连接，博物院遂形成完整的格局。这是中国北方最早的博物馆。1928年，北疆博物院正式开放时，展出了植物标本2万种，动物标本3.5万种，岩石与矿石标本7000种，动物骸骨化石1.8万公斤，各地的地理、山川、河流、土壤和动植物分布地图133幅，照片3000余张，以及各类关于人类学、工商业和农业的调查报告，在社会上引起轰动，对华北的地质、生物研究产生了重要影响。1952年天津市政府接收北疆博物院，1957年更名为天津自然博物馆。

河北工业大学

撰文 / 徐卓斌
摄影 / 上海微图

河北工业大学是校址极为奇特的一所大学,冠名为河北,行政上隶属河北省管辖,但却坐落在天津市区,是典型的"飞地"型机构,这在大学里实属罕见。这种现象的形成与极为复杂多变的北洋大学办学史大有关系。

北洋大学是中国近代第一所大学,天津是北方洋务运动和维新变法的重要基地,1895年9月19日,天津海关道盛宣怀以"兴学救国"为宗旨,将《拟设天津中西学堂章程禀》通过直隶总督王文韶奏光绪皇帝。10月2日,光绪御批成立天津北洋西学学堂,并由盛宣怀任首任督办,中国第一所近代意义上的大学宣告成立,时间更早于1898年成立的北大前身京师大学堂。1896年,学校正式更名为北洋大学堂,聘请美国人丁家立出任总教习,引进美国大学办学模式,课程设置、教学内容、学位授予上完全西化,学校所开课程均为当时中国所急需的工科专业,这与当时"北洋系"广开工矿不无关系。1900年,第一批学生毕业,朝廷为首届毕业生王宠惠颁发了中国第一张大学毕业文凭。王宠惠是著名的法学家、外交家,民国建立后出任南京政府外交总长。

民国元年,学校更名为北洋大学校,后改称国立北洋大学,北洋政府覆灭后更名为国立北平大学第二工学院,后又更名为北洋工学院。马寅初、徐志摩、王正廷等都是北洋大学的毕业生。1951年,北洋大学与河北工学院合并为天津大学,校址迁往南开。1958年,河北省决定重建河北工学院,校址设在天津河北区原北洋大学旧址。1962年,河北工学院与天津工学院合并,改称天津工学院。1971年恢复校名为河北工学院。1995年,学校更名为河北工业大学,校址仍设在天津。

可以这样说,北洋大学的老建筑现在位于河北工业大学,但延续北洋大学办学人文历史的,却是天津大学。

北洋工学院南楼

团城

北洋工学院南楼

北洋工学院南楼建成于1933年,为砖混结构三层楼房,建筑布局为古典对称构图,体型简洁大方,红砖墙面,现为天津市重点保护等级历史风貌建筑。

团城

团城1933年左右建成,曾为北洋大学办公地,著名桥梁专家茅以升任北洋大学校长时在此居住、办公。系单层砖木结构平房,红瓦顶,青砖墙,顶部女儿墙做成垛口式,像是一座堡垒。

山东大学

撰文 / 秦 岭 郭昭如
摄影 / 上海微图

山东大学前身为创建于1901年的山东大学堂，是继京师大学堂之后清政府创建的第二个国立大学。从诞生起，学校先后经历了山东大学堂、国立青岛大学、国立山东大学、山东大学等变更。经过1952年全国院系大调整，1958年，山东大学迁回济南，此后又经过高校合并，形成现在的规模。目前，山东大学占地8000余亩，形成一校三地（济南、青岛、威海）八个校园（济南中心校区、洪家楼校区、趵突泉校区、千佛山校区、软件园校区、兴隆山校区及青岛校区、威海校区）的办学格局。其所在的校址，部分为中国最早的教会大学之一——齐鲁大学的校址。

齐鲁大学建筑的突出特点就是中西合璧，这些近代教会建筑在中国建筑史上有着重要的地位。当时的西方国家为了更多地宣传基督教及西方文化，建筑师在规划设计时既表现了西方建筑的特点，又发扬了中国古代建筑的优秀文化，是中西方文明交流的见证。

校友门

号院

校友门

原为齐鲁大学校门，1924年，由齐鲁大学千名毕业校友捐资修建。门坐北朝南，造型采用中国传统的三间三叠式的牌楼样式。今为山东大学趵突泉校区的北校门。

号院

由美国建筑设计师墨菲设计，始建于1916年，由两列八幢二层的砖木宿舍楼组成，中西合璧的风格新颖独特、典雅大气。建筑的门窗组合，用毛石砌筑的墙角隅石处理，山墙尖上的圆、方、椭圆等各式通风孔都是西洋古典建筑的手法；而硬山双坡屋面、花脊、吻兽、烟囱通气孔等都是地道的中国传统建筑手法。2006年，号院被列为山东省第三批省级文物保护单位。

麦考密楼

齐鲁大学原行政楼，建于1923年，1997年毁于大火，1999年重建。

麦考密楼

水塔

平面为正八边形，青砖砌筑，有六条圈梁环绕塔身，形成了水塔的水平线条，底层与二层之间环以腰檐。水塔顶部为中国传统的八角攒尖顶，覆以灰色筒瓦，翼角起翘较大，形态灵动。这样的设计打破了砖石塔身的沉重感。该建筑作为20世纪初中西方建筑文化碰撞融合的产物和地标性建筑，有着重要的历史文化内涵和较高的观赏价值。

葛罗神学院

原为神学院楼，应捐赠者爱德华·罗宾逊夫妇的要求，为纪念罗宾逊夫人的父亲葛奇博士与罗宾逊先生的父亲伊利沙·罗宾逊而命名，今为教学四楼。建筑形态为仿传统歇山顶，青砖墙面。

康穆堂

选址在地势最高的南部台地上，原为除圣公会外其他14个教派在院内修建的联合礼拜堂，为纪念捐款者而命名为康穆礼拜堂。该建筑全部以大块蘑菇石砌筑，除供校内教徒进行宗教活动外，也是举行重要校务活动（如毕业典礼）的场所，20世纪50年代拆除，改建为医学院主楼。

水塔

葛罗神学院　　　　康穆堂

圣保罗楼

圣保罗楼

圣保罗楼坐北朝南，主体为两层，在楼的两端和中部向北凸出一间，因此平面成山字形。该楼屋顶由模仿中国传统建筑的三组歇山式屋顶组成，屋脊为中国传统的小瓦花脊，屋面为大灰瓦，窗为拱形。屋脊、墙面和门窗拱券上都分布着大量中国传统的精美砖雕图案，内容包括缠枝葡萄、梅花、菊花、喜鹊报春等各种民俗内容，可见建筑师刻意将大量代表中国文化的元素应用在了建筑上。圣保罗楼的楼内全部为西式格局，楼的东、西、中部各有一组木楼梯，走廊在北面，南面为朝阳的房间，楼向北凸出的背阴部分作为厨房和洗刷间，设计非常合理。该楼建于1917年，最初是神职人员的宿舍，后来也曾作为招待所和女生宿舍使用。

南关基督教堂

为英国循道公会于1902—1937年分期建成。礼拜堂坐南朝北，东邻广智院，占地1800平方米，建筑面积达到625.9平方米，可容纳500人。该建筑为外国牧师设计，以中国传统民居的双坡顶为主体，糅合西洋宗教建筑的使用功能和细部做法。灰砖清水的墙体，用中国传统的青瓦覆盖，别具一格。

南关基督教堂

共和楼

欧式塔楼建筑，南北各有一座六边形攒尖顶的塔楼，东西对称，整个建筑平面呈哑铃状，气势非凡。中部建筑的外墙建有三层叠落的圆石柱，圆券形门窗，墙上有精美的花卉纹石雕。该楼原为齐鲁大学医学院附设医院的养病楼。1914年得到英国浸礼教会的资助修建，是当时医院内体量最大的建筑物，曾作为医院病房使用。

共和楼

考文楼

柏根楼

考文楼和柏根楼

考文楼和柏根楼在校园中部，槐荫路路南。这两幢楼互相对称，建筑风格上也体现出中西合璧的特点。它们分别建于1919年和1917年，是原齐鲁大学体量最大、保持历史原貌最好的两座老建筑。

两座建筑的建筑风格、建筑面积和建筑体量都基本相同。高度约20.2米，占地约为804平方米。结构形式也均为砖木石结构。两幢建筑的主楼包括地上三层和地下一层，楼内中部为走廊，两侧分布着教室和实验室，东西两侧还有木楼梯通向楼上，考文楼的中部比柏根楼多一大型木楼梯。

两幢楼的屋顶均为中式传统硬山顶。为了和屋顶相互呼应，主楼一层和二层之间的砖雕上都雕着万字纹、寿字、中国结、菊花等图案；主楼两翼都设有单层建筑作为附属建筑向外延伸，使整体建筑错落有致，独具美感。

两座楼最大的不同是楼门。考文楼偌大的一幢教学楼只有一道大门，大门由楼体凸出一个斜坡式前厦而成，两侧是高大宽厚的墙垛，门外两侧是中国传统的大型抱鼓石，据说这两块抱鼓石是济南市近代以来最大的抱鼓石。柏根楼东西有两个石框墙门，将古代彩绘雕刻成立体图案，即将平面图案变为立体图案，这在济南也是很少见的，而在齐鲁大学中西合璧的建筑群中有多处可见，可谓一种创新。

景蓝楼

位于大学最西部的是景蓝楼，建于1924年。这是一幢纯粹的欧式建筑，其建筑风格为早期西方现代派建筑，平面为凹形，高度约11米，总建筑面积约900平方米，占地约400平方米。景蓝楼也是砖木石结构，地上二层，地下一层，坐西朝东。有德国式老虎窗，墙基为蘑菇石砌筑，青砖墙面，墙面有凸起的欧式建筑风格的方石。景蓝楼原是女生宿舍，现为山东省耳鼻咽喉科研究所。

景蓝楼

中国海洋大学

撰文/秦 岭
摄影/谭焕梅

中国海洋大学前身经历私立青岛大学（1924—1928年）和国立山东（青岛）大学（1930—1958年）两个阶段。由曾任北洋政府教育总长、交通部长的直系将领高恩洪任首任校长。学校校址选在德占青岛时期修建的俾斯麦兵营。此间尚有一则小故事。当时青岛驻军对青岛大学校园垂涎欲滴，执意在此驻兵，高恩洪不允。双方争执不休，官司一直打到洛阳直鲁豫三省巡阅使吴佩孚处。吴是蓬莱人，清末秀才出身，与高同乡又曾同僚，私谊甚厚，虽系一军阀，但是绝非一介赳赳武夫，"世界竞争端赖学术"的道理是懂得的，就一锤定音该兵营作为办学之用。1959—1960年，山东大学青岛校区在已有学科基础上，整合厦门大学、复旦大学等国内其他海洋科研力量，更名为山东海洋学院，成为中国海洋科研领域中一所多学科综合性的最高学府。2002年10月经国家教育部批准，更名为中国海洋大学。

六二楼

六二楼建于1921年，是日本第一次侵占青岛时建立的日本中学校舍，呈现出异域风貌。大门是拱形的，楼内的楼梯前也有拱形廊柱，而楼梯却像登山的阶梯一样完全是石头打造，非常的古雅有趣。在半层处有一礼堂，当年的大学生海鸥剧社经常在此演出，是20世纪30年代青岛重要的文化活动场所。1949年6月2日青岛解放，为了纪念这一天，遂将此楼命名为"六二楼"。

六二楼

海洋馆

水产馆

海洋馆

海洋馆建于1906年，建筑面积为6425平方米，为德国侵占青岛时建的俾斯麦兵营营房，属德国新哥特式建筑。1914年曾为侵华日军兵营，1924年起先后为私立青岛大学、国立青岛大学、国立山东大学校舍。1937年再度被侵华日军占为兵营。1945年抗日战争胜利后，又一度为美国兵营，1949年收为山东大学校舍。1960年为山东地质学院校舍。1962年后为山东海洋学院校舍。1950年曾称为"文学馆"，1985年定名为"海洋馆"。

水产馆

建于1903年，建筑面积为5865平方米，为德国侵占青岛时建的俾斯麦兵营营房，属德国新哥特式建筑。1914年曾为侵华日军兵营，1924年起先后为私立青岛大学、国立青岛大学、国立山东大学校舍。1937年再度被侵华日军占为兵营。1945年抗日战争胜利后，又一度为美国兵营，1949年收为山东大学校舍。1950年两座建筑分别称为"人民馆"和"大众馆"，1985年定名为"水产馆"。

胜利楼

胜利楼建筑面积为2804平方米，为日军第一次侵占青岛时建的日本中学校舍。1945年，抗日战争胜利后，收为国立山东大学校舍。1949年6月2日青岛解放，为纪念这一天，1950年命名为"胜利楼"。

科学馆

科学馆为现在生命科学与技术学部所属的海洋生命学院的实验、教学、办公楼。它是杨振声任校长期间主持建设的，是校园里除了德国兵营和日式房屋，第一座由中国人自己设计建造的教学楼。当年生物、化学、物理等系都在这个楼里安身。楼中的大阶梯教室在20世纪30年代的海大赫赫有名，当年老舍就在这个大阶梯教室中作过"诗歌与散文"的学术报告。

地质馆

地质馆建于1906年，建筑面积为5921平方米，为德国侵占青岛时建的俾斯麦兵营营房，属德国新哥特式建筑。其经历的历史变迁与水产馆相仿。1950年曾称为"学习馆"，1985年定名为"地质馆"。

胜利楼

科学馆

地质馆

撰文 / 王天广
摄影 / 余和平

四川大学

四川大学由原四川大学、原成都科技大学、原华西医科大学三所大学经过两次合并而成，是目前中国西部办学历史最为悠久的综合性大学。原四川大学起始于1896年四川总督鹿传霖创办的四川中西学堂，是西南地区最早的近代高等学校；原成都科技大学是新中国院系调整时组建的第一批多科型工科院校；原华西医科大学源于1910年由西方基督教会组织在成都创办的华西协和大学，是西南地区最早的西式大学和国内最早培养研究生的大学之一。四川大学设有望江校区、华西校区和江安校区，总占地面积7050余亩，校舍建筑面积308万平方米。四川大学著名的老建筑，主要集中在华西校区，系原华西协和大学的校舍所在。

第十教学大楼

嘉德堂

嘉德堂，1924年竣工，为原华西协和大学生物楼，由美国夏威夷嘉热尔顿兄弟捐建。

苏道璞纪念堂

苏道璞纪念堂，1941年竣工，又名化学楼，由华西大学、内迁来蓉的金陵大学、齐鲁大学、金陵女子文理学院合资兴建。为纪念已故的来华英国化学家苏道璞博士，故命名为苏道璞纪念堂。

嘉德堂

苏道璞纪念堂

柯里斯纪念楼

　　柯里斯纪念楼，建于1925年，又名钟塔，由纽约柯里斯捐资建成。配有西式时钟，钟塔内有一座西洋铸座，早期由人工敲打，后改为电力。早期的钟塔顶部为尖形亭台，与塔基不太协调，20世纪50年代初改建为方形亭台，现被称为华西钟楼。

柯里斯纪念楼

合德堂

合德堂，1920年竣工，又称赫斐院，由加拿大美道会（原英美会）为纪念最早到西南传教的教士赫斐氏所建。

古物博物馆

古物博物馆，由美国学者戴谦和（D.S.Dye）筹建于1914年，于1932年正式建成，是中国西南地区建立最早的博物馆。

1941年，人称"四川考古学之父"的郑德坤主持博物馆馆务，把它建成了一个教育中心和收藏中心，成为抗战时期大后方一道特别的风景线。博物馆也因之名声大振，被誉为成都当时的重要名胜地之一。经数代中西学人的网罗收录，到1951年，华西协和大学古物博物馆陈列的标本计3万余件，所收罗古物、文物至1950年达3万余件。这些文物共分为三大类：古物美术品、边民文物和西藏标本。古物上起史前石器，下迄明清金石书画，收藏丰富。边民文物包括羌、彝、傣等民族器物、文物。西藏标本尤为丰富，曾有外国报纸誉之"世界各博物馆之冠"。如今这座博物馆已成为国内大学博物馆中首屈一指的大型综合性博物馆，现有各类藏品4万余件，馆藏极为丰富，因"综合性强、精品荟萃、地方特色浓郁、异彩纷呈"等特色而享誉海内外。

教育学院

教育学院，1928年竣工，该楼的东头由英国嘉弟伯氏捐建，为教育学院教学楼；1948年刘文辉捐建该楼西头。

古物博物馆

教育学院

合德堂

大学里的老建筑 119

万德堂

万德堂

万德堂，建于1920年，又名万德门和明德学舍，由浸礼会万德门夫妇捐建。建成时处于原华西协和大学西部，即今人民南路上。由于人民南路工程的需要，1960年万德门被拆除，搬迁至现在的位置，一砖一瓦均按原貌重建。由于迁建处地面有限，原万德门背后的侧楼去掉了，楼顶上的一座二层亭楼也被拆去。该楼建成后即为教学楼和学生宿舍。

华西协和大学图书馆及博物馆

华西协和大学图书馆及博物馆

华西协和大学图书馆及博物馆，1926年竣工，又名懋德堂，是华西校区最老的建筑之一，也是最能体现华西中西合璧的老建筑。系美国赖孟德氏为纪念其子捐建，两层楼，建成后即为图书馆及博物馆。

华西协和大学老校门

怀德堂

华西协和大学老校门
古朴庄严、气势非凡的老校门,虽然历经了岁月的洗礼,依旧傲然耸立在华西校区的校园内,供今天四川大学的学子们瞻仰与膜拜。

怀德堂
怀德堂,1919年竣工,原为华西协和大学事务所,由美国纽约罗恩甫为纪念白槐氏所捐。该楼建成后即为校行政事务办公室、礼堂、文科教室和照相部等。其二楼的大讲演室还是星期日礼拜、聚会之所。

办公大楼
四川大学办公大楼建于1954年。由四川省建筑工程局设计公司设计,成都市建筑工程局第一工程公司施工。该楼原为成都科技大学第一教学楼,主要用于教学和实验。1999年,学校在保持该楼原貌的情况下,对大楼进行了彻底的加固和维修。

办公大楼

重庆大学

撰文 / 袁 飞
摄影 / 上海微图

1937年抗战爆发，重庆作为"战时首都"，半个中国都随着国民政府相继内迁。随着战时内迁移民的大量涌入，它从一个1927年只有27万人的中等城市，一跃而变为1945年达到126万人的大城市，在全国仅次于上海、天津、北平、南京、沈阳、广州，位居第七，在西部则位居第一。1937年到1945年间，重庆成就了历史上最为辉煌的阶段之一。其时贤哲云集，群英荟萃，作为重庆市第一高校的重庆大学也迎来了飞速发展。而那些校园里的老建筑，历经风声、雨声、读书声、炮火声，承载并见证了那段无法磨灭的历史。

理学院

理学院

理学院，建于1933年，它融中国早期建筑文化、沙磁文化与抗战文化于一体，是重庆大学历史文化最丰富的人文景观。理学院属于一座典型的的中式外观、西式内装的建筑。其外表雕梁画栋、飞檐挑阁、窗棂俊秀、阁楼精巧，辅以檀红檐阁、青瓦灰砖、朱红门柱，中国古典建筑的韵味浓郁十足。而其内部则非常西化，踩在深漆红色的楼板上，特有的木质声响回荡在欧式风情浓郁的楼道里。二楼的大厅里有一组欧式家具，为白色典雅富丽风格，复古而大气。

理学院在当时之地位非常重要。可以说抗战时期国民政府的中心在重庆，重庆的文化中心在沙坪坝，沙坪坝的中心在重庆大学，而当时重庆大学的中心在理学院。据记载，曾有众多名师大家来到理学院慷慨陈词，郭沫若、黄炎培、邹韬奋、邓颖超、马寅初、于右任、王芸生、陶行知……他们成就了无数惊心动魄的历史瞬间，也为重庆大学的历史添上一笔笔浓墨重彩。

理学院后来改名"第一教学楼"，现在的重庆大学学生常称之为"一教"。

理学院一隅

工学院

　　工学院建成于1935年，由留法学者刁泰乾设计，它带着比较浓厚的欧式风格但又极具本土色彩，这点和理学院有些许相似。从它建成起，似乎就蒙上了老照片般昏黄的晕华。工学院的外表带着自然的远古意蕴，昏黄的砖石用沧桑的质地低吟着它所承载的历史，凹凸如浮雕的仿古砖在夕阳的衬映下愈显古色古香。

　　工学院的历史坎坷而艰辛。从1939年到1940年，重大校园遭受了多次日军飞机的轰炸，1939年9月、1940年5月和7月这三次轰炸最为猛烈，在1940年7月4日的轰炸中，建成十年不到的蔚为壮观的工学院大楼正中飞机炮弹，后院几乎夷为平地。不过，工学院的主体没有坍塌，它在炮火硝烟中冷静地审视着自己的斑斑血迹，在残垣断壁上顽强地延续着自己的生命，也撑起了重庆大学的一片天。其后，重庆大学子在废墟中，利用破碎的砖石搭建起了日军轰炸重庆的真实见证——大轰炸纪念碑。至今，大轰炸纪念碑仍然稳立于工学院和机械学院之间，春去秋来，朝至暮往，纪念碑与工学院犹如两位老友见证了抗战时期的狼烟四起，默默陈述着这段惨痛的历史。

工学院

寅初亭

寅初亭，亭高八九米，阔五六米，六根明黄的柱子挑起两层屋顶，顶上覆盖着青色的琉璃瓦。寅初亭的诞生与落成，浓缩了爱国民主人士、学术大师马寅初在重庆大学不畏强权的经历。

马寅初与重庆大学的渊源应该追溯到1938年11月，应重庆大学的聘请，他出任重庆大学新成立的商学院的院长，任教直至1946年。抗战爆发后，马寅初拥护抗战，反对国民党的不抵抗政策。1940年12月6日，无计可施的国民党政府在恼羞成怒之下，下令在重庆大学公开逮捕马寅初。马寅初被捕后，中共方面立刻展开了积极的营救活动。党中央机关报很快发表了《要求政府保障人权释放马寅初》的社论，委派周恩来、邓颖超、董必武三人速赶到重庆大学，积极配合师生开展营救活动。最著名的当属两件大事：第一是提前为马寅初祝寿，第二是修建寅初亭。寅初亭奠基典礼定于1941年的毕业生典礼，选址梅岭，即现在五教所在地。为了避免当局势力的阻挠，亭子的筹建工作几乎全在校外进行。同学们在校外搭建好寅初亭的框架结构，趁着月黑风高的时候，将各部分分别搬运到梅岭，迅速按照预定的模式搭建好，于是一夜之间梅岭上就诞生了这个标志着一个时代的亭子——寅初亭。

最初，寅初亭只是个草亭，40年代整修时翻修成了瓦亭。在马寅初百岁寿辰的时候，寅初亭重建成了琉璃亭，几乎和现在相同。亭子门梁的匾额上题刻着一首诗，由黄炎培题写。黄炎培感慨昔日老友为国为民仗义执言，即兴题诗一首："茅龙经岁困泥中，忙煞惊曹斗草童。报道先生今去也，一亭冷卧夕阳红。"

寅初亭

中山大学

撰文 / 郭昭如
摄影 / 曾志毅

中山大学创办于1924年，前身为孙中山创立的国立广东大学。国民革命时期，孙中山倡议在广东设立黄埔军校和广东大学，以一文一武的教育模式培养人才。1925年，孙中山逝世，广东大学更名为中山大学。1938年，中山大学迁往石牌楼校址（今华南理工大学和华南农业大学校址内）。1952年高校院系调整，中山大学改组成立新的综合性大学，学校也从石牌楼校址迁往广东南郊康乐村（原岭南大学校址）。岭南大学前身为美国基督教新教会办的格致书院。因此，今天中山大学校内不少近代建筑都属于西洋古典建筑，其中最著名的当属建于清代的马丁堂。2002年8月，这些建筑被列为广东省文物保护单位。

马丁堂

马丁堂

建成于1906年，建筑面积约2335平方米，共三层，是我国第一座砖石钢骨混凝土混合结构的建筑物，现为国家一级文物保护单位。为纪念向岭南学堂捐款最多的美国工业家亨利·马丁，命名为"马丁堂"。1912年5月7日，孙中山到岭南学堂访问，在马丁堂前发表题为《非学问无以建设》的演讲。

马丁堂的建筑风格为英式风格，追求对称均匀。外墙为优质清水红砖墙，墙面有砖砌花纹装饰，具有细腻多变的风格。墙体用一皮顺砖、一皮丁砖的西式砌法，十分讲究砌砖和拼砖艺术，给人以精致、庄重、朴素大方之感。屋顶则采用中国传统的构建方式，将中式大屋顶与西式墙身组合在一起。辛亥革命推翻清政府之后，岭南大学的永久性建筑上都盖上了绿瓦，马丁堂也从此成为了红墙绿瓦建筑的代表作。值得一提的是，马丁堂外的石狮和堂内的大理石雕塑甚至有着比马丁堂更悠久的历史。南门正中央的石狮为典型的"南狮"形象，蹲姿回首，脚踩一头小狮子，口含飘带，生动灵巧，肌肉部分的处理柔韧而富有弹性，强调线条的流动感，采用了圆雕、浮雕、线刻等技法。一楼中厅里的一对西洋石狮则与它形成了鲜明的对比。这一对石狮子体形较小，具有鲜明的西方写实特点，骨骼和肌肉表现突出，体积感较强，十分逼真。堂内的十一件大理石雕塑，也给马丁堂增添了更多的艺术情调，可谓东西文化荟萃于一堂。

黑石屋

黑石屋正面

黑石屋

1914年动工,由芝加哥的伊沙贝·布勒斯顿(黑石)夫人出资为担任过岭南学堂教务长和岭南大学校长的钟荣光博士修建了这座寓所。为纪念捐建者,称其为"黑石屋"。

1922年6月,陈炯明叛变。6月18日,宋庆龄化装秘密前往岭南大学,住在好友钟荣光寓所黑石屋内,6月19日,由孙中山的美籍顾问那文护送前往香港。宋庆龄在《广州脱险》一文中曾写道:"我与卫兵才到岭南,住友人家。"

怀士堂

大钟楼

陈寅恪故居

怀士堂

建成于1916年,是由美国克里夫兰州的华纳和史怀士公司的总裁安布史怀士（机床和天文仪器生产商）出资为岭南学堂修建的基督教青年会馆。位于康乐园中轴线上，红墙绿瓦，带地下室。为纪念捐赠者，命名为"怀士堂"。1923年，孙中山在怀士堂作长篇演讲，希望青年学生担负起建设民国的责任，勉励青年学生立志，"立志要做大事，不可要做大官"。

大钟楼

建于1905年，因楼顶设立四面时钟而得名。大钟楼坐北朝南，面阔37米，进深51.1米，占地面积1890平方米。楼高两层，楼上再砌两层钟楼，总高24米。整座钟楼分为前后两部分，前半部为两层建筑，后半部为平房。上层有拱券形的窗户，窗户之间的墙面上端饰有花草图案，下层窗户之间有双柱联立式的壁柱。整座楼房为砖木结构，其平面似山字形。

大钟楼一层有一个面积300多平方米的大礼堂。二楼有十字形走廊，西侧则是校务会议室和鲁迅的卧室兼工作室。

1924年，中国国民党第一次全国代表大会在大钟楼礼堂召开。1925年5月，第二次全国劳动大会和广东省第一次农民代表大会在此举行。鲁迅在中山大学任教期间，曾写下了《在钟楼上》等重要文章。1957年在此建立了鲁迅纪念馆。大钟楼大院的前面有一座占地17460平方米的广场，曾是第一次国内革命战争时期的革命大本营。"省港罢工"的许多集会、纪念列宁逝世的周年大会、纪念巴黎公社55周年大会、追悼廖仲恺的群众大会、庆祝广东统一群众大会、欢送北伐军出师群众大会以及欢呼北伐胜利大会均在这里举行。大钟楼和广场旧址均为广东省文物保护单位。

陈寅恪故居

陈寅恪故居位于中山大学的康乐园中。在康乐园连绵数万平方米的大草坪及参天绿树中，掩映着一栋栋岭南风格的建筑，陈寅恪故居就是其中一幢两层独立式的红砖小别墅。小楼古朴、清雅，门牌号为东南区1号。20世纪50年代后，陈寅恪将这里作为住所兼教学课室生活了20年，完成了《论〈再生缘〉》、《柳如是别传》等名著。因他晚年视力严重衰退，只能略辨光影，由当时的广东省委书记陶铸特批，学校专门在屋前修砌了一条小路，并涂上白漆，方便他辨识。水泥小路现在依然醒目，当年陈寅恪写作之余，经常漫步在这条路上。陈寅恪在双目近乎失明的情况下，治学严谨，诲人不倦，为中山大学留下了宝贵的财富。

华南理工大学

撰文 / 郭昭如
摄影 / 曾志毅

华南理工大学坐落在广州，原名华南工学院，组建于1952年全国高等学校院系调整时期，由包括武汉大学、中山大学、岭南大学、湖南大学、广西大学等几所当时中国著名大学在内的中南5省12所院校的有关系科调整合并而成。当时的校园就坐落于国立中山大学石牌校区故址上。原中山大学石牌校区建筑规模宏大、气势非凡，主体造型以中式为主，局部采用西式建筑手法，巧妙自然，具有较高的历史价值和艺术价值。

建筑红楼

建于1934年，位于东湖后面，原系中山大学理学院化学教室，建筑面积2454平方米。该建筑属中式仿古建筑风格，楼高两层，坐东朝西，钢筋混凝土结构，绿琉璃瓦，黄脊，红砖墙，琉璃彩画装饰，花岗石基座。南北两侧翼为歇山顶，中间主体部分为两坡顶，屋顶造型合乎传统审美意趣。意大利水磨石红圆柱两层通高，向内为一圈回廊。全楼形式美观，周围环境幽雅。

1945年抗战胜利后，该楼用作中山大学总办公厅。1958年，时任华南工学院党委第一书记张进为该楼题写楼额："建筑红楼"。

建筑红楼

法学院

建成于1935年,地处北校区萌渚岭上,为近代著名建筑师林克明设计,建筑面积为3554平方米,投资约27.5万元。现为学校12号楼。该楼为框架结构,高三层。绿色琉璃瓦双层重叠,凝成飞檐屋顶,屋脊上栩栩如生的脊饰,显得俏丽而飘逸,檐下饰有精美的洗石米彩画,充分展现了古典建筑的神奇魅力。正面红砖墙上间隔镶嵌着十根厚实的檐柱,直达第二层,稳重而坚实。正门门额上"法学院"三字,以及大楼奠基石上"海外同志、海外侨胞,捐资纪念"等字,均为时任校长邹鲁所书。整个建筑掩映在一片绿树丛林中,给人以古朴典雅之感。2003年11月,该楼以"凤山雅筑"之名入选"校园十景"。

此外,该校7号、8号及9号楼等均系原中山大学石牌校区建筑,为中式仿古建筑风格,融合西方装饰特点,依势而建,体现了人文建筑与自然的和谐共生。

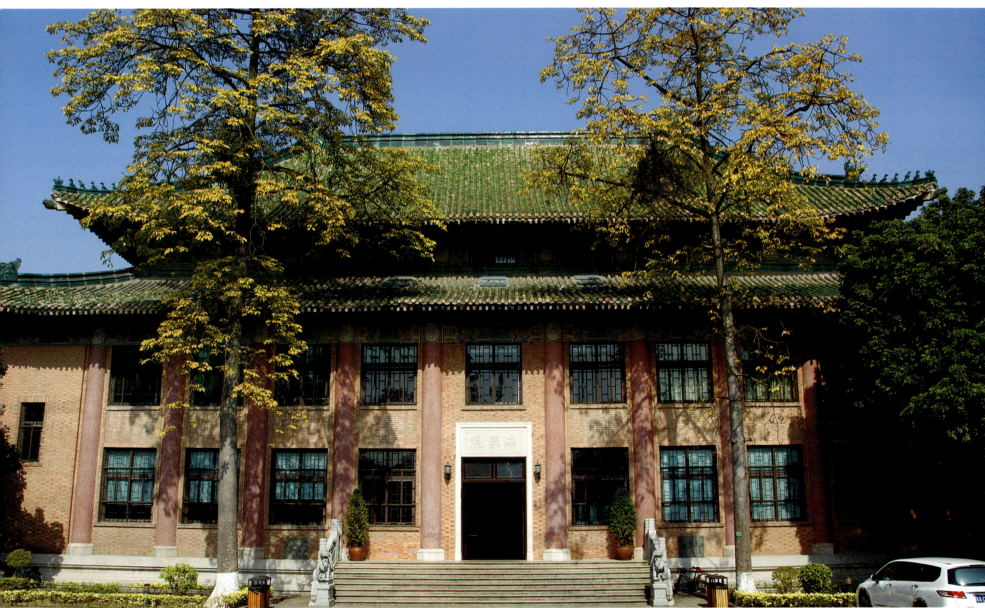

法学院

文学院

文学院

建成于1935年，位于北校区，现为5号楼，由岭南近代著名建筑师郑校之设计，建筑面积为3530平方米。该楼为框架结构，主楼高三层，巍峨壮丽。其前面的两层高门廊，四根大棱柱独具西式风格；两翼为平顶，出小挑檐；主体部分采用大屋顶。该楼集中体现了20世纪30年代早期岭南建筑流派之现代风格，也是中西混合式建筑的杰出代表作之一。大门左侧大理石碑上书："中华民国二十三年十一月十一日国立中山大学文学院奠基于此。董事胡汉民、萧佛成、邓泽如、林云陔、陈济棠、许崇清、林翼中、区芳浦、邹鲁立石。校长邹鲁书石。"此碑问世至今70余年间，曾吸引无数学人为之吟唱、驻足流连。

1938年10月广州沦陷前，5号楼是国立中山大学爱国学生抗日救亡活动聚集地。1949年10月广州解放前夕，它是进步学生"反饥饿、反内战、反迫害"斗争的策源地。

石牌坊

石牌坊是指北校区1952年校界上的南门、西门两座石牌坊。南门石牌坊，建成于1935年，由岭南近代著名建筑师杨锡宗设计，原为国立中山大学石牌校区正门，因其坐北朝南，故又称南门。该牌坊是典型的双层古牌楼建筑，最高处约10.9米，宽约25.2米，均深6米多。钢筋混凝土作柱心、6寸厚香港白石作柱面的12根方形柱分列两行，各柱的冲天柱顶呈花蕾形，各柱脚旁有石狮和抱鼓，均为香港白石打制而成。牌坊共分5门：中门宽约8米，东西侧各两个边门，分别宽约5米和4米。中门两柱正面上方镶嵌了铜质衔环狮头，中门外、内门额分别镌刻时任国立中山大学校长邹鲁所书"国立中山大学"和"格致，诚正，修齐，治平"等字，这些文字于"文革"初期的1966年9月上旬被水泥砂浆覆盖，现外门额上"为人民服务"五字为同期所加。南门石牌坊造型雄伟，结构匀称，具有豪放、流畅之感。它曾是进出学校的必经之处，已成为华工的重要标志。

西门石牌坊，建成于1935年，坐东朝西。其用料同南门石牌坊，但牌楼体量约为后者一半，有4柱3门，柱头最高处9.3米，全坊宽15.2米。中门外、内门额上分别刻邹鲁书"国立中山大学"及"忠孝，仁爱，信义，和平"等字。这些文字也于"文革"初期的1966年9月上旬被水泥砂浆覆盖，但个别文字至今仍依稀可辨。

石牌坊

日晷台

原日晷最初由国立中山大学法学院师生捐款而建，由岭南近代著名建筑师、时任广东省立勷勤大学建筑工程系教授胡德元设计，于1936年11月动工，次年竣工。当年建成的日晷原物现已不在，可能在战火中丢失，留存下来的仅有日晷台座。该圆形台座侧面饰有彩画和花纹，整个台座给人以雄浑古朴之感。现置于台座上的日晷是根据当年的施工图纸以青铜浇铸而成的，于2001年11月17日建成。重置日晷旨在以物明志，提醒学子珍惜时光，把握人生。

体育馆

建成于1936年，坐北朝南，是一幢中西合璧的宫殿式建筑。由主楼加两边的衬楼组成，通宽57.6米，通深64米。占地面积3686平方米。从细部特征来看，二楼的仿木斗拱制作精良，其上的彩绘和整体色调较为协调，楼上四根柱子的柱顶装饰精美，门和窗下的须弥座造型典雅，雕刻精细。主楼为回柱三门二层牌坊式结构，下层门楼有三个拱形门，宽为4.2米，旁有彩带纹饰。门下为典型的须弥座，高约1.25米，中间束腰部分有浅浮雕花纹，上枭和下枭部分有宽莲花状高浮雕。大厅的大门中间亦是拱形，四扇对开，门板上半部分为雕花的风窗。廊顶有彩色壁画，颜色鲜艳，黄底绿边。大厅内左右两边各有一楼梯可以通向二楼。

三个门楼上的二楼各有一个飘台，飘台顶为绿色琉璃瓦和如意形滴水，檐下有双重的桁饰，下面有装饰性的斗拱、檐档和檐柱，飘台前面有古式栏杆。二楼正中门额上刻有"体育馆"三字，四柱顶上均有1米高、有云状纹饰的顶座，顶上各有直径约10厘米，高约2米的柱形装饰，顶端为莲花瓣状雕饰。

两边的衬楼为红砖所砌，有四扇窗，硬山顶，绿色琉璃瓦和滴水，滴水的形制也是如意形。整座建筑看起来富丽堂皇，气势恢弘，中西合璧，融汇古今，极具特色。

日晷台

体育馆

华南农业大学

撰文 / 郭昭如
摄影 / 曾志毅

华南农业大学具有百年历史，始创于1909年的广东省农事试验场暨附设农业讲习所。1952年，全国高校院系调整时，原中山大学农学院、岭南大学农学院和广西大学农学院畜牧兽医系及病虫害系的一部分合并成华南农学院。毛泽东亲自题写了校名。1984年，更名为华南农业大学。

华南农业大学占地550多公顷，环境优雅，风光秀丽。其中一部分校园建筑为原国立中山大学的建筑，具有悠久的历史文化和较高的艺术价值。

理学院生物地质地理教室

建于1934年，为吕彦直设计，气势宏伟，现为学校5号楼。该楼面向西方，除主楼以外，还分东、南两塔，成"凹"字形态。主楼前面有数十级石阶，石阶中缀有两个平台，沉稳而大气。正门有毛泽东题署"华南农学院"的牌匾。这座教学楼一直以来都被视为校内古典建筑的正统，有不少值得品味的地方，例如屋顶四角有排列整齐的灵兽，外墙有古雅的彩色雕花玻璃，墨绿色的正六边形石砖等，设计细致入微，引人入胜。

理学院生物地质地理教室

农学院农学馆

建于1931年，由著名设计师吕彦直设计，具有典型岭南建筑风格，红墙绿瓦，充满特色，现为学校3号楼。该楼为中西合璧的三层宫殿式建筑，坐西朝东，通宽44米，通深24米，占地面积1056平方米。屋顶为庑殿顶，绿色琉璃瓦正脊，两端被龙头含住。屋檐有绿色琉璃瓦当和如意形滴水。四条垂脊上有双角龙和走兽五件，分别是马、狗、貔貅、麒麟和鹏，前面有仙人骑马雕饰。檐下有仿木斗拱，装饰非常漂亮。二楼和三楼有檐廊，正面有六根巨大的红色檐柱。檐下额枋上饰以红、蓝、绿为主色调的宫廷彩绘，看起来非常气派，富有古典美。檐廊边上有朱红色栏杆，望柱上饰以浮雕葫芦寿桃。楼前有大块草坪和空地，风景优美，视野开阔。

理学院物理数学天文教室

建于1934年，为吕彦直设计，现为学校4号楼。楼高三层，红墙绿瓦，屋顶为歇山顶，绿色琉璃正脊，吻部有龙头衔正脊。垂脊上有走兽五件，前面有仙人骑马雕饰。屋檐有琉璃瓦当和如意形滴水，正面有八根巨型红色仿木檐柱。檐下饰以红、蓝为主色调的宫廷式彩绘。大门前面有台阶直通二楼，极有气势。台阶旁有古式栏杆，望柱上有浮雕祥云，最下面一根望柱的下侧设有抱鼓石，上面有浮雕花纹。

石坊钟亭

位于4号楼右前方，建于1934年。亭为六角攒尖亭，高约7米，台阶长约3米，占地面积36平方米。四周被草丛树林包围，风景优美。亭顶盖绿色琉璃瓦，六条飞脊为橙黄色琉璃，有绿色琉璃瓦当和如意形滴水，仿柯林斯式柱子。亭内大钟已不存，但挂钟的钩子还在顶上。栏杆竖间条之间有一个形状如斧头的木钟，旁边有一大字，寓意"中大"。该亭由区国良捐资建筑，亭栏杆上还镶有石碑。

农学院农学馆

理学院物理数学天文教室

石坊钟亭

撰文 / 王天广
摄影 / 姜春祥

哈尔滨工业大学

哈尔滨工业大学创建于1920年,在教学上曾采用俄式、日式办学,主要为中长铁路线培养工程技术人员,毕业生遍布亚、欧、美、大洋洲等国家与地区。今天的哈尔滨工业大学,是一所以理工科为主、具有鲜明航天和国防特色的研究型大学。哈工大在布局上,实现了"一校三区"的"大哈工大"格局,有哈尔滨一、二校区,威海校区和深圳校区。哈尔滨校区位于中国东北素有"东方莫斯科"、"东方小巴黎"之称的哈尔滨市市中心。哈工大最具代表性的老建筑,如主楼、校部楼和土木楼,均集中在哈尔滨校区。

主楼

主楼,1959年动工,1965年建成,设计师为邓林翰。在此之前,主楼的左侧和右侧已经分别建成机械楼和电机楼,两栋大楼皆为折中主义建筑风格,造型及规模基本一致,中间地带预留了空间。主楼就在这中间地带,左挽电机楼,右携机械楼,三者浑然一体,相互呼应,形成了气势恢宏的教学建筑群。

哈工大主楼为框架结构,属前苏联建筑风格。俄罗斯建筑风格偏于古典,吸收并折中了欧洲多种建筑风格,以高大、庄严、神秘的气势取胜。待其进入中国

主楼

校部楼

后，进一步简约化和世俗化，其神秘感及装饰性降低，但宽大、厚重、均衡、庄严以及刺破苍穹的气势犹在。

哈工大主楼竣工后的一段时间里，哈尔滨几所大学都出现了这种风格的建筑，并且无一例外地成为各个学校的主楼和标志性建筑，但就气魄而言，都难与其相提并论，没有哪栋建筑能显示出哈工大主楼那样的朴素、厚重与气势。人们都说，是大师造就了大学精神。但是，气魄宏伟的大楼，也同样能影响大学的精神与气质。在哈工大，很多学生说，自己是看了哈工大招生宣传材料上主楼的照片，感到一种难以抗拒的召唤，就毅然报考了哈工大。

哈工大主楼并非摩天大楼，其结构造型如"凸"字形积木，并不复杂，外墙是灰暗的水泥，没有任何雕饰。其实，要仿造这样一栋建筑应该非常容易。但是，它的那份历史的厚重、朴素、庄严，却是任何建筑师也无法复制的。换言之，主楼是哈工大历史上第一个黄金时代的象征，是中国与苏联当时高等教育合作交流的历史见证。

校部楼

校部楼，最初名为"华生宿舍"，是一栋始建于1929年8月的学生宿舍楼。该楼为单栋三层，下有半地下室，三层是带老虎窗的阁楼，外墙面以简练的柱型浮雕装饰，属仿古典主义风格建筑。校部楼现为哈工大人文与社会科学院所在地，是哈工大主校区内资格最老、风格最雅的一栋楼房。

校部楼最初之所以名为"华生宿舍"，源于一段大长国人志气的故事。在哈工大的前身——中俄工业学校建立初期，中国学生人数很少，也无权在宿舍居住。后来，随着办学规模不断扩大，中国学生逐渐增多，但却仍然在自己的校园里"无家可归"。学生们多次就此与东省特区政府交涉，终于获得特区行政长官张寰湘的批准，由政府拨款，让在校的中国学生自己设计建造校舍并监工，于1929年8月1日破土动工。但是，宿舍楼落成之后，俄国学生竟然要"鹊巢鸠占"，双方为此争执不下。为了捍卫自己的正当权利，中国学生联合起来，统一行动，一天之内，全部搬进了新宿舍。学校当局和俄国学生无可奈何，哈工大历史上第一个"华生宿舍"就此诞生了。

1958年至1964年，"华生宿舍"成为哈工大校部机关的办公用房，"校部楼"之称也由此而来。此后，再也没有人提议更改楼名，盖因此名还关系哈工大的一段历史，具有特别重要的意义。它见证了哈工大学子在革命抗争年代用青春热血去对抗腥风血雨的光辉历史。

哈工大1931级校友、中国第一位城市规划设计大师、曾任兰州市副市长的任震英老人回忆说："1933年我就是在这个楼的三楼宣誓入党的。我们哈工大地下党经常在这里活动，中共满洲省委非常重视哈工大的党组织，赵尚志、罗登贤等都到这里来过。"

就是在这栋楼里，1937年4月15日，任震英遭遇了惊险一幕。当天，日本宪兵队突然包围学生宿舍，逮捕了中共地下党员苏丕承等。任震英穿着睡衣拖鞋下楼洗漱，与宪兵特务擦肩而过，躲过了劫难。同年7月22日，苏丕承等5位爱国青年学生被日寇残忍杀害。据说，电视剧《夜幕下的哈尔滨》就是以任震英及夫人侯竹友的一些传奇故事为素材创作的，但哈工大的爱国志士们当年所经历的危险与残酷，远非电视剧所能描绘。因此，哈工大学子对校部楼有着一种非常神圣的情感。

土木楼

土木楼

洋葱头穹顶、拱形大门、哥特式的浮雕、米黄色的楼体，几十年来，哈工大人一直把这片被西大直街、公司街、联发街和海城街环抱着的建筑群称作"土木楼"。土木楼在公司街一侧的建筑，始建于1906年，为哈工大1920年建校时最早的校址，后续建联发街和海城街部分，共同形成"凹"字形建筑，建筑格调属欧洲新艺术运动建筑范畴，1996年被哈市规划局定为一级保护建筑。面临西大直街的五层大楼，是1953年建起的具有欧洲古典复兴风格的建筑，建筑面积48677平方米，外观宏伟、庄重，为砖混结构，属于折中主义建筑风格，设计师为斯维利朵夫。

"土木楼"之称，始于1955年，主要是由于当时哈工大土木建筑系的设置。土木楼是我国最早培养高级建筑科学技术人才的摇篮，是新中国建筑科学技术研究和开发的主要基地。除此之外，土木楼之所以被哈工大人所深深铭记，还在于它见证了哈工大"由民转军"的战略发展史。1958年9月15日，土木楼迎来了一位特殊的客人——邓小平总书记。邓小平在视察学校后，在土木楼的会客室里，对哈工大校领导作了一番简练又意义深刻的讲话，要求哈工大"由民转军"，从此拉开了哈工大与国防航天事业结缘的序幕。

如今，历经一个世纪的沧桑巨变和风雨洗礼，土木楼的每一块石头、每一级楼梯、每一扇窗子、每一间教室都注满了古老厚重的历史文化气息，又都洋溢着新时代的清新气息。庄严挺拔、古朴厚重、古典优雅的土木楼，与卓尔不群、气势磅礴的哈工大主楼遥相呼应，似一对母子，更像一对亲密的战友，共同见证着哈工大的发展。

土木楼背影

哈尔滨医科大学

撰文 / 王天广
摄影 / 姜春祥

哈尔滨医科大学是由原哈尔滨医科大学（前身为医学先驱伍连德博士于1926年建立的哈尔滨医学专门学校）和原兴山中国医科大学第一、二分校（前身为中国共产党于1931年在江西瑞金建立的中国工农红军卫生学校）组建而成。哈医大坐落在颇具欧洲风情的哈尔滨市松花江南岸，占地面积236万平方米，校园环境古朴典雅，幽兰浮香，红柱碧瓦间高楼耸立，仿古与现代风格交相辉映。

主楼

主楼正面

解剖学馆

撰文/王天广
摄影/姜春祥

黑龙江大学

黑龙江大学的前身是1941年在延安成立的中国人民抗日军政大学第三分校俄文队。几经迭变，于1958年扩建更名为黑龙江大学。中国农科院甜菜研究所和黑龙江水利专科学校，分别于2003年和2004年并入黑龙江大学。学校由校本部、学府南校区、呼兰校区三部分组成，总占地面积190余万平方米，总建筑面积113万平方米，其最具代表性的老建筑为主楼，具有明显的俄式建筑风格。

主楼

主楼，建于20世纪50年代初，总面积达到32358平方米。黑龙江大学主楼带有明显的俄式建筑风格。由于采用了折中主义的建筑形式，也使其成为中西结合、古今交融的一个典范。主楼建筑群分为四个部分：主楼、三层办公楼、左侧和右侧教学楼。除三层办公楼外，其余均为米黄色（哈尔滨市的城市基色）。主楼是俄式建筑的风格，右侧和左侧两栋大楼皆为折中主义建筑风格，两栋楼的造型及规模基本一致，中间地带预留了空间，形成了一个宁静的小园林，就在这中间地带，主楼拔地而起，与其他三部分浑然一体，十分和谐。

主楼是黑大人的骄傲，被他们誉为黑大精神的外化。黑大教授单琳琳和朱振林曾撰文自豪地指出：主楼建筑群的设计是一个中西合璧、现代与传统融合的典型范例。从色彩的搭配、组合的形式、元素的提炼上，都是根据那个时期的需要和特点来设计的。但它与其他同时期建筑不同的是，它将自身的精神表达得更为含蓄，整座建筑没有一处建国初期常见的装饰符号（如五角星、镰刀、红旗等），它是用自身的设计理念表达着时代的精神。特定的历史时期，必然产生特殊的建筑，对于这类建筑形式，我们不能用简单的美或丑、好或坏来形容。它其实是这一时期、这一地区、这所大学的精神的外化。黑龙江大学主楼的设计产生于一个特殊的时代，这类的设计今后很可能不会再出现，但它所体现的融合精神和对设计的探索精神，是值得当代设计师们学习的。

主楼

吉林大学

撰文 / 王天广
摄影 / 万恒忠　于仁军

吉林大学的前身是建于1946年的东北行政学院，1950年更名为东北人民大学，1952年经全国院系调整成为一所综合性大学，1958年更名为吉林大学。1960年，吉林大学被列为国家重点大学。吉林大学是中国在校人数和占地面积最大的大学。长春人戏称："美丽的长春市坐落在吉林大学之中。"吉林大学中的著名老建筑，大部分建于"伪满"时期。

原日伪新宫内府

原日伪新宫内府，又名地质宫，是作为溥仪的正式"皇宫"来修建的，因当时局势紧张，太平洋战争爆发，只完成了地下部分的修建。1953年在原来基础上修建了这座宫殿式建筑。现为吉林大学朝阳校区教学楼。

牡丹园鸣放宫

牡丹园鸣放宫，原名神武殿，1940年10月建成。现位于长春市牡丹园内。此建筑是为"纪念日本纪元2600年"而建造的，是当时日本人祭祀神武天皇和培养武士道精神、习练武术的场所，设计师为满洲国武道会技师宫地二郎。1956年归吉林大学使用，1957年被命名为"鸣放宫"。

鸣放宫，建筑总面积为5245平方米，由神殿、拜殿和祀务所等几部分组成。建筑采用钢筋混凝土结构，殿顶为钢屋架，主体部分设有半地下室及局部环廊。室内空间以中间大殿的柔道场和剑道场为主，四周分别为贵宾席、师范席、观览席、陈列室，西侧有相扑场、小道场及半室外的射箭场，东侧为管理用房。神武殿采用日本传统的建筑形式，建筑主立面朝向东南（日本方向），正门前台阶两侧筑有盆式香炉。覆有黑色陶瓦的大屋顶、雪白的墙壁、灰色花岗岩的基座，沉稳舒展的建筑造型位于幽雅的园林环境之中，颇具东洋古风。

原日伪新宫内府

牡丹园鸣放宫

原"伪满"国务院

位于长春市新民大街2号的原"伪满"国务院，始建于1933年2月，现为吉林大学白求恩医学部附属基础医学院。整栋建筑的平面结构呈"王"字形，具有东方建筑的显著特点。大楼正门檐口上方为"伪满"皇帝溥仪的阅兵台，两翼为中国式的四角尖顶。出入口门厅，用两根方边柱和四根变径圆柱直竖至三层楼顶。塔楼重檐下，立四根圆柱于墙外。楼顶铺棕色琉璃瓦，外墙用咖啡色瓷砖贴面，正门朝西。

原"伪满"八大部

位于今长春市市中心的新民大街附近的"伪满"八大部，于1936年间基本建成。1932年，末代皇帝爱新觉罗·溥仪将长春市变为伪满州国国都——新京市，并在新京建起了"伪满"国务院（今吉林大学白求恩医学部基础教学楼）及所属八个部，即"伪满"军事部（今吉林大学第一医院）、"伪满"司法部（今吉林大学新民校区院部）、"伪满"经济部（今吉林大学第三临床医院）、"伪满"交通部（今吉林大学预防医学院）、"伪满"兴农部（今东北师大附中）、"伪满"文教部（今东北师大附小）、"伪满"外交部（今吉林省社会科学院）和"伪满"民生部（今吉林省石油化工设计院），统称"八大部"。

八大部所有的外墙，都采用了当年最先进的陶瓷贴面技术。直到半个世纪以后，这种技术才在世界范围内得以普及。陶瓷贴面的色彩以咖啡、褐、赭、淡黄等相对沉静的暖色为主，而大厅内的地面、楼梯及楼梯围面，都是淡黄底色的水磨石，墙围多是配套颜色的大理石，工艺讲究，质量上乘。经历了70多年的风雨后，除了极个别的硬伤外，无论是外墙的瓷砖，还是室内的地面与墙体，都基本保持着原色，并光滑如新。此外，八大部建筑还在混凝土的配比上匠心独具，使混凝土的强度提高了很多倍。

八大部各部建筑各具特色，绝无雷同，各部均各有院落，皆在绿涛掩映之中。错落有致的高大楼房，典雅幽静的庭院，集中西方建筑风格为一体，这里的街

原"伪满"国务院

原"伪满"八大部之经济部

心带状花园与和谐的建筑，把长带形风景区装扮得格外典雅清净。"伪满"八大部中，现有四处为吉林大学校舍。

"伪满"八大部之军事部——位于长春市新民大街1号，始建于1935年，占地5万多平方米，钢筋混凝土结构，具有中西折中主义"兴亚式"风格。现为吉林大学第一医院。

"伪满"八大部之经济部——位于新民大街5号，现为吉林大学第三临床医院。

"伪满"八大部之司法部——位于新民大街6号，始建于1935年。"伪满"司法部整体建筑呈十字形，正门朝西，主体三层，地下一层，正中建有塔楼，塔楼为三层。塔楼底层为拱型窗，二、三层为条窗。主楼中上部配以歇山、马尾、重檐。为钢筋混凝土结构建筑，总体建筑面积16328平方米。

"伪满"八大部之交通部——位于新民大街7号。

原"伪满"八大部之司法部

原"伪满"八大部之军事部

原"伪满"八大部之交通部

撰文 / 王天广
摄影 / 万恒忠 于仁军

东北电力大学

东北电力大学始建于1949年，前身是长春电机高级职业学校，是新中国创办的第一所电力工科学校。东北电力大学最著名的老建筑当属石头楼，石头楼是我国著名建筑大师梁思成在美国宾夕法尼亚大学建筑系毕业回国后设计的第一件作品。在东北电力学院，石头楼具有某种象征意味，是学校的核心建筑。

石头楼

石头楼始建于1929年，于1931年建成，总建筑面积为9222平方米，是吉林省第一所大学——吉林大学旧址所在。因其楼体墙壁均为石筑，故而得名。

石头楼在建筑风格上独具特色。石头楼的平面布局呈"品"字形，这种布局颇具东北满族民居三合院风格。其主楼与东、西配楼皆用长方形花岗石砌成，主楼平面略呈"T"字形。东、西配楼式样相同、面积相等且相互对称。顶部均为"人"字形屋脊，南、北两侧置门。三栋建筑摆脱了屋顶的繁琐，并以现代的手法处理粗石。主楼的整体和东、西配楼的中间部分以粗花岗石饰面，上部两端以中国清代传统建筑的琉璃螭吻形象结束。窗间墙作中国传统木结构八角形处理，檐口仿古代北齐天龙山石窟（位于山西）的一斗三升、"人"字拱装饰，柱上端露出枋头，承接檐口的装饰。

这些不同时代的古典细部装饰，处理巧妙、组合融洽，在中国传统式样的简洁中，透出现代建筑的趋向，将立面装饰得具有浓郁的民族色彩，同时含有很强的文化韵味和现代精神。在设计思路上，石头楼与梁思成、林徽因1932年共同设计的"北京仁立地毯公司"铺面具有异曲同工之妙，充分体现了设计者对于中国传统建筑文化的理解，表现出设计者期望中国建筑走向现代化的追求。

石头楼

从石头楼建设的历史背景而言，它所传递的价值，已远远超过了建筑的本身。石头楼建于民国年间。民国初年，军阀混战、地方割据，给中国的城市建设带来了极大阻碍，建筑活动始终处于停滞不前的状态。当时，欧美的建筑商在中国的各通商口岸陆续开拓市场，留学欧美的中国建筑师纷纷起来与之抗衡。于是，国内营造欧式建筑之风大盛。时至20世纪30年代末，中国的建筑开始逐渐回归中国传统建筑的本质与文化，并开始尝试将传统文化理念融入到近代建筑之中。此后，中国建筑师们的作品均带有明显的地域文化和时代特征，摆脱了唯传统是尊的束缚。由于文化背景、民族气质及设计思想等因素的不同，这个时期国内各地建筑亦形成了多彩多姿的建筑风格。一种向国际化过渡的"装饰艺术"（Art Deco）作品在中国出现，引起了中国建筑师的极大兴趣，出现了以突出装饰风格为特征的传统主义。石头楼就是其中典型的早期作品。

石头楼建成至今已有80多年，在漫长的岁月长河中，经受了风霜雨雪的洗礼。尤其值得一提的是，它曾在"文革"中经受过一次极其惊险的"战斗洗礼"。造反派认为楼上部两端的螭吻有反革命的嫌疑，遂将其涂上水泥。他们还将喷水鱼池拆除，建成了毛泽东像。"武斗"时，还炮轰了石头楼。主楼东北角现在还能看到炮轰留下的痕迹，许多地方的小白点就是当时被炮轰的结果。但是石头楼确实很结实，只有东侧石楼烟筒上的维修铁梯被炮弹毁坏了，有一段翻卷起来高悬半空。现在烟筒已没有什么实用价值，为了保持建筑的完整，学院没有将之拆除。

幸运的是，虽然石头楼在"文革"中遭遇过劫难，但在东北电力学院几代人的细心呵护下，这座近代建筑史上的杰作依然保存了原有的风貌，让后人能够亲眼目睹这一不朽之作，领略梁思成的设计风采，追溯那一段独特的历史。

辽宁大学

撰文 / 王天广
摄影 / 张连友

辽宁大学是辽宁省唯一的一所综合性大学，初创于1948年11月东北人民政府在沈阳建立的商业专门学校。1985年，东北财经学院、沈阳师范学院和沈阳俄文专科学校合并，组建成辽宁大学。辽宁大学占地面积2466亩，现有校舍建筑面积83万平方米，比较著名的老建筑为机关楼和外语楼。

机关楼

机关楼，建于20世纪50年代，系原东北财经学院部分主楼。

机关楼

外语楼

外语楼,建于20世纪50年代,是原沈阳俄文专科学校的主楼。

外语楼

沈阳农业大学

撰文 / 王天广
摄影 / 上海微图

沈阳农业大学,组建于1952年,由当时的复旦大学农学院(茶叶专业除外)和沈阳农学院部分专业合并而成。今天的沈阳农业大学是辽宁省与中央共建的全国重点高等院校、中西部高校基础能力建设工程重点建设高校之一。学校坐落在沈阳市东郊的天柱山南麓,东与名胜古迹东陵毗邻,西与沈阳城区相连,学校占地22000亩。校园有山有水,有旱田、水田、坡地和林园,农业教育、科研条件优越,校区环境幽美,景色宜人。

1952楼

沈阳农业大学的主楼,建于1952年,是校园的标志性建筑。

1952楼

撰文 / 王天广
摄影 / 张连友

东北大学

东北大学建于1923年4月。1928年8月，留学归来的梁思成、林徽因夫妇在东北大学创建了中国第一个建筑系，培养出了一批优秀的建筑人才。东北大学包括两个校区：一个是沈阳校区，位于东北最大的中心城市沈阳，南滨浑河，北畔南湖；一个是秦皇岛校区，即东北大学秦皇岛分校，位于海滨城市秦皇岛，北倚燕山，南临渤海。沈阳校区的几栋老建筑，均系东北大学建筑系教授自行设计。这些建筑既有中国古典建筑的对称之美，又不乏西式建筑的别致典雅，可谓遥相呼应，相得益彰，成为东北大学沈阳校区一道美丽风景线。

建筑馆

东北大学建筑馆建于1952年，总建筑面积为10093平方米，是由原东北工学院建筑学系黄民生副教授设计的。建筑馆采用的是中西式结合的设计模式，既讲究横梁与柱子的契合，又讲究横梁与石柱之间的对顶

建筑馆

衔接。其整体设计为"L"型,折角处设计为入口和塔楼,与后来建成的采矿馆遥遥相望,互相辉映。

建筑馆是东北大学南湖校区的第一座建筑,在东北大学的发展历程中,是一座里程碑。它的落成,奠定了东北大学校园的基石。建筑馆是东北大学师生的骄傲,他们把它亲切地比作一位大家闺秀,天生丽质,尽管没有奢华的外表,却能在平凡中显示出一份与众不同的美丽,令人怦然心动。

建筑馆,曾因建筑系而闻名。在早期的东北大学,建筑系曾辉煌一时——那是由梁思成和林徽因夫妇于1928年在中国的综合性大学内创建的第一个建筑系。当时的建筑系,除梁思成和林徽因外,还汇聚了一批学有所成的留学归国学子,如童寯教授、陈植教授和蔡方萌教授,他们都是我国近现代建筑领域的泰斗级人物。随着日军侵华步伐的加快,建筑系的教学因"九·一八"事变而停滞。但是,就是在这短短的三年时间里,建筑系便培养出了一批像刘致平、刘鸿典、张镈、赵正之、陈绎勤等卓有成就的建筑学者和大师。抗战胜利后,东北大学于1946年5月迁返沈阳,半年后建筑系恢复教学。在郭毓麟教授的主持下,刘鸿典、张剑霄、林宣、黄民生和张秀兰等教授相继受聘任教,使当时还称作为"沈阳工学院"的建筑系成为师资齐全、力量雄厚的阵营。

今天,东北大学的建筑馆,其内涵已远远不是一个建筑系所能包容的了。其深厚的学术底蕴,浓郁的学术气息,几代人的薪火相传,使得建筑馆这位大家闺秀更显出知性的气质和魅力。

冶金馆

东北大学冶金馆建于1952年,总建筑面积为18000平方米,是由原东北工学院建筑学系刘鸿典教授设计的。冶金馆的设计,既有中国古典建筑的对称之美,又不乏西式建筑的别致典雅,既朴实大气,又不拘一格。该建筑坐北朝南,呈"工"字形平面,高四层,中间塔楼五层,双层大台阶直接进入大厅,门廊为三个石拱门组成。塔楼窗子采用竖向垂直划分,用伸出五块石板垂直墙面的锥型作为收顶,以加强建筑的高耸感。整个外墙垫假石饰面,窗间墙有浮雕。全楼结构严谨,尺度比例适宜,古朴凝重而典雅。

冶金馆是原东北工学院四大建筑之一,亦是四大建筑中建设时间最早的。今天,东北大学师生谈到冶金馆时,总对他的设计者刘鸿典教授津津乐道。刘教

冶金馆

机电馆

授毕业于流亡中的东北大学建筑学系,是中国第一批土生土长的建筑大师之一。刘鸿典教授在1928至1932年师承梁思成、童寯、陈植等大家,是我国"建筑四杰"的直系传人。冶金馆作为他早期的代表作品之一,已经成为东北大学的一座标志性建筑。今天,当东北大学学子看冶金馆时,他们欣赏的不仅是建筑本身作为凝固的艺术的美,更是睹物思人,穿越时光隧道,追忆令人敬佩的刘鸿典教授。

机电馆

东北大学机电馆,始建于1953年,总建筑面积为14208平方米,是由原东北工学院建筑学系王耀副教授设计的。机电馆地处冶金馆相对的东侧,呈"一"字形平面对称布局。四层通高的大门廊,采用中式穿插枋、通天柱,柱头为云纹浮雕。有东大学子这样深情地写道:"如今,虽然经历了半个多世纪的风风雨雨,但岁月的流逝并没有给她带来沧桑的痕迹。清晨,晶莹的晨珠从巍峨耸立的叠云柱顶滴落在台阶上,仿佛知识的甘霖在哺育东大的学子;夜幕下,四盏墙灯同时绽放,散发出暖黄色的光芒,宛如迷雾中的灯塔,照亮了东大学子向知识殿堂朝圣的征程。"

如今,机电馆是东北大学机械工程与自动化学院的"官邸"所在。东北大学机械工程与自动化学院虽然成立于1993年,但其历史却可以一直追溯到20世纪20年代初。当时的机械学系云集了许多知名学者,为社会培养出了一批基础扎实,技术精湛的实用性人才。其中有一个特殊的人物尤为东北大学学子所怀念,那就是佟彦博。

佟彦博,辽宁义县人,出生于1911年。他自幼天资聪慧,勤奋好学,1928年考入东大机械系,深受"少帅"张学良的器重。1931年"九·一八"事变爆发后,民族危机空前深重。家乡沦丧的耻辱,激发了佟彦博投笔从戎、报效祖国的决心。于是,他放弃出国留学的机会,报考了国民党空军。他因体魄强健、基础知识扎实和英文流利,被顺利录用。1935年毕业后,他留校任教官并兼任区队长职务。

1937年全面抗战爆发后,佟彦博多次奉命出征,袭击日舰,更创下了跨海东征日本本土的壮举,为中国抗战史留下一段"纸片轰炸"的佳话。当时正值抗战初期,日本飞机在我国领土上空四处横行,不可一世,相对弱小的中国空军只能被动应战。出人意料的是,1938年5月19日,佟彦博与战友徐焕升奉命远征日本本土,投下了一捆捆五颜六色的传单。当夜,日本九州各地乱成一团,中国空军飞机每到一地,都投放照明弹并撒下传单。一时间,五颜六色的传单漫天飞舞,而日本守军则乱成一团,探照灯往空中乱照,高射炮像没头的苍蝇般到处乱打。此举赢得了世界人民的广泛同情与赞同,大长了中国人民的志气。这就是抗战史上著名的"纸片轰炸",也被称作为"人道远征",佟彦博的名字,也由此被记入了民族英雄的史册。

佟彦博的壮举,得到了中国共产党的高度赞扬。5月23日,周恩来、吴玉章分别代表中国共产党和八路军,亲赴武汉国民党航空委员会政治部,向空军勇士们赠送了锦旗,上面赫然写着"德威并用,智勇双全"八个大字。周恩来更是热情洋溢地称赞佟彦博说:"你是英雄,抗日英雄,爱国的英雄。"

在如今的机电楼,虽然我们再也看不到佟彦博当年孜孜不倦求学的身影,但他所留下的浩然正气与不朽精神,却依然激励着东北大学学子们,在新的时代努力学习科学知识,为社会发展建设奉献自己的力量。

采矿馆

采矿馆建于1956年,是原东北工学院四大建筑中建设时间最晚的,总建筑面积为11315平方米,由原东北工学院建筑学系侯继尧教授设计。

侯继尧教授在采矿馆的设计过程中,充分吸取了建筑、冶金和机电等楼馆在设计上的长处,并参考了梁思成设计中国美术馆时中西结合的思路。由于采矿馆地处校园中轴线东侧,同建筑馆遥遥相对,所以在设计上,侯继尧教授也将采矿馆设计成"L"形,折角处同样设计为入口和塔楼,并将南北轴的短翼与主体等高;在外观造

采矿馆

型上,侯继尧采用西式体形,用中式细部处理。塔楼顶部四个翘角运用中式大层顶正脊的"正吻"变体;入口门廊的壁柱采用"依柱",用中式穿插枋冲天柱式,柱头用麦穗雕饰。如此设计,不但形体完整、比例适度,而且精致优美,风格独特。对此,侯继尧教授曾自豪地说,"采矿馆的设计没有完全因袭北京大屋顶式的中国风格,而且大门的柱子也不完全是洋式建筑法,而是一个中西合璧的建筑产物"。

河南大学

撰文 / 秦 岭
摄影 / 赵会群

河南大学1912年建于开封，始称河南留学欧美预备学校。是年，以林伯襄为代表的一批河南仁人先贤，在中华民国大总统袁世凯的协助下，在古城开封清代贡院旧址创办了河南留学欧美预备学校，成为当时中国的三大留学培训基地之一。它与当时的清华留美预备学校（今清华大学）和上海南洋公学（今上海交通大学）呈三足鼎立的局面，后历经中州大学、国立第五中山大学、省立河南大学等阶段，1942年改为国立河南大学，成为拥有文、理、工、农、医、法等六大学院的综合性大学，是当时学术实力雄厚、享誉国内外的国立大学之一。

新中国成立后，又先后经历河南师范学院、开封师范学院、河南师范大学等阶段，1984年恢复河南大学校名。

校门

博文楼

博文楼历史悠久,具有深厚的革命意义。1925年7月,李大钊受开封地下党的工作者和在国民二军中工作的共产国际代表的共同邀请,在此演讲了《大英帝国主义者侵略中国史》。他的演说给广大进步师生以极大的鼓舞,掀开了河南大学革命运动史上光辉灿烂的一页。

博雅楼

博雅楼在1925年建成后投入使用,是中州大学(河南大学前身)时期的一座主体建筑,中西合璧,庄严肃穆。楼高三层,连同地下室共四层。当时,一、二、三楼有部分教室,间有少数研究室;地下室基本上是理学院的实验室及药品仪器储藏室,功能之齐全,超乎想象。博雅楼的采光效果和隔音设备十分先进,东南西北四个大门,方便师生出入,避免产生拥挤不畅的感觉,可见当时设计之周全。现在的博雅楼依然风采不减,绿树掩映中,叠檐飞阁,古朴典雅;蓝天白云下,雕梁画栋,大气磅礴。近观博雅楼,体会到岁月的更迭;走进博雅楼,感受到历史的凝重。博雅楼,像渊博的老者,诉说着河大的往事。

博文楼

博雅楼入口

贡院碑

河南大学校园的贡院碑有两通，一通是《改建河南贡院碑记》，立于清雍正十年(1732年)；另一通是《重修河南贡院碑记》，立于清道光二十四年(1844年)。两碑上都刻有二龙戏珠，碑文为楷书，字迹工整遒劲。而中国近代的世事沧桑，由此贡碑亦可见一斑。这两通贡碑告诉世人，中国历史上延续千年的科举制度中最后一次人才竞争在这里进行。由于"庚子之乱"，京城贡院被毁，全国会试云集于此进行。史载仅执事楼就有782间，封建社会的最后一次"文化阅军"，规模之大可想而知，时为1904年。八年之后，这里成为河南大学的前身——河南留学欧美预备学校的校址。贡碑东侧有一座两层的贡房，是当年监考官办公的执事房，不过现存的房屋是后来仿造的。

大礼堂

大礼堂与南大门遥遥相望，睥睨群门，自有一种肃穆的神情姿态，一股灰调的大宋情韵。作为校园中心建筑，大礼堂拥有宏大的规模，庄严的气势。1931年，时任校长的许心武提出建大礼堂的动议。自1931年11月20日破土动工，至1934年12月28日落成，历时三载，用资20万元。当时河大的师生共计500余人，却兴建了可容纳3000多人的大礼堂，足见河大的魄力。其规模之宏大，在当时全国高校中首屈一指；其设计之精美，工程进度之快，质量之高，也为当时国内所罕见。

贡院碑

博雅楼　大礼堂

湖南大学

撰文 / 施昌书
摄影 / 陶 波

湖南大学前身可溯源至创建于公元976年的岳麓书院，历经宋、元、明、清各代的变迁，始终保持着兴学的传统。1903年岳麓书院改制为湖南高等学堂，1926年定名省立湖南大学，1937年改为国立湖南大学。

湖南大学校园依山而建，经历了一个由岳麓山向东慢慢扩展到湘江边的过程。1903年岳麓书院改制后，在其原址上成立的各个学校大多仍以原来的书院建筑为校舍。岳麓书院的建筑大部分为明清遗构，以黑白色调为主，为中国现存规模最大的书院建筑群。1926年湖南大学正式创立，以岳麓书院为一院，同时开始在书院周围兴建新的教学建筑，包括二院、科学馆、图书馆、工程馆、大礼堂、办公楼、静一斋，学生一、二、三、四舍等。这些建筑均为中国近代建筑大师蔡泽奉、柳士英、刘敦桢等设计，其中尤以柳士英的作品为最多。这些建筑物外形古朴典雅，有明显的文人建筑气质，强调时代性、民族性和地方特色，尤其是圆形、曲线在这些建筑中的运用，体现了"刚柔并济、动静结合"的设计思想，被人们称之为"柳氏圆圈"。

岳麓书院

红叶亭（微图供图）

岳麓书院

岳麓书院创建于北宋开宝九年（公元976年），是中国古代著名的四大书院之一、全国重点文物保护单位，也是世界上最古老的大学之一，世称"千年学府"。

历史上岳麓书院人才辈出，学术声望显赫。北宋时真宗皇帝召见山长周式，颁书赐额；南宋时张栻主教，朱熹两度讲学，书院盛极一时。此后诸多学派的代表人物都曾在此传习和交流，魏源、郭嵩焘、曾国藩、左宗棠、蔡锷、毛泽东等都是岳麓书院学生，人才之多世所罕见，可谓"惟楚有材，于斯为盛"。

岳麓书院的园林建筑，具有深刻的湖湘文化内涵，它既不同于官府园林的隆重华丽的表现，也不同于私家园林喧闹花哨的追求，而是反映出一种士文化的精神，具有典雅朴实的风格。现存建筑大部分为明清遗构，主体建筑有头门、二门、讲堂、半学斋、教学斋、百泉轩、御书楼、湘水校经堂、文庙等，分为讲学、藏书、供祀三大部分，各部分互相连接，合为整体，完整地展现了中国古代建筑气势恢宏的壮阔景象。

红叶亭

红叶亭，又名"爱枫亭"，现为"爱晚亭"。位于岳麓山下清风峡中，亭坐西向东，三面环山，古枫参天。爱晚亭始建于清乾隆五十七年（1792年），由岳麓书院山长罗典倡建。后据湖广总督毕沅之意，取杜牧"停车坐爱枫林晚，霜叶红于二月花"之诗意，将亭改名为"爱晚亭"。此亭原为木结构，同治初改为砖砌。亭子古朴典雅，平面为正方形，边长6.23米，通高12米。内金柱圆木丹漆，外檐柱四根，由整条方形花岗石加工而成。亭顶重檐四坡，攒尖宝顶，四翼角边远伸高翘，覆以绿色琉璃筒瓦。亭内有一横匾，上刻有毛泽东手迹《沁园春·长沙》一词，亭正面朱色鎏金"爱晚亭"匾额，系1952年毛泽东应湖南大学校长李达之约而题。毛泽东在湖南第一师范求学期间，经常同蔡和森、罗学瓒、张昆弟等来此学习、登山、露宿和探求革命真理。

大礼堂

大礼堂

湖南大学大礼堂，于1951年动工兴建，1953年竣工，由湖南大学土木系教授柳士英设计，现为湖南省文物保护单位。礼堂主体为三层，重檐筒瓦屋顶，充分运用民族形式手法，细部处理手法独到，运用富有动感的曲线以及圆形母题作为装饰造型，体现出设计者的独特个性和创新精神。整个建筑清新雅朴，融汇中西，风格独特，而且造价经济，充分利用空间面积，使用率高，为湖南省当时不可多得的优秀建筑。可是，在1958年"拔白旗"的运动中，柳士英在全校大会上遭到了批判，批判的"理由"就是他设计的湖南大学大礼堂存在形式主义和唯美主义的倾向。1962年甄别平反，摘掉了"白旗"的帽子。

科学馆

科学馆，现为湖南大学行政楼。于1933年6月胡庶华校长任内兴建，由湖大土木系教授蔡泽奉设计。1935年6月竣工，耗资14万元，建筑面积6550平方米，有大小房屋41间，红砖清水外墙。科学馆原为两层，后由柳士英教授设计，于1944年加建一层，由平屋顶改建为青筒瓦坡屋顶。由于地处湖南大学中心位置，北、东两个主要立面采用对称形式，檐口以水平线脚划分，在入口处作重点处理。两个入口略有不同，但均为花岗石贴面券洞，做工精良。

抗日战争爆发后，在日机的狂轰滥炸中，科学馆亦不能幸免于难，身挂重彩。八年抗战中，湖南大学留下了断壁残垣的悲壮，但也有同仇敌忾的豪迈与燕然勒石的喜悦。正是这幢大楼，荣幸地见证了日军投降的历史性的一刻。1945年9月15日，湖南地区受降仪式即在楼里的一间教室里举行，这幢楼因而成为"凯旋之楼"。在庄严的军乐声中，受降主官、第四方面军司令王耀武和美军代表金武德少将及湖南政界要人入场。随即日军投降代表、第20军司令官坂西一良（乙级战犯、陆军中将）和他的参谋长伊知川庸治（陆军少将）走进会场，立正脱帽，向王耀武将军行鞠躬礼，呈上日军表册，恭听王将军宣读受降书，然后在受降书上签字，并接受训令，再鞠躬退出会场。

科学馆

老图书馆

  老图书馆，现为湖南大学人文学院办公楼。是1929年由校长任凯南请省政府拨款兴建的，由湖大土木系教授蔡泽奉设计。图书馆1930年开春动工，1933年9月在胡庶华校长任内落成。其中书库为四层钢筋混凝土结构，上建八方塔一层作观象台，其他部分为三层建筑。图书馆规模宏大，建筑雄伟，装饰华丽，馆内设备均采用当时最新标准式样。1938年4月10日，日军出动飞机27架轰炸湖南大学，图书馆连同五万多册藏书悉毁之炮火，仅存四根花岗石大门柱临风耸立。1948—1952年，湖南大学再建图书馆，主体为四层，由著名建筑师柳士英设计，外门庭八根高大石圆柱巍然而立，传统民族形式大屋顶，圆拱形大门，竖向长窗。老图书馆与岳麓书院、湖南大学大礼堂处在一条轴线上，形成一个具有传统建筑风格的建筑系列。

老图书馆

中南大学湘雅医学院

中南大学湘雅医学院的前身是创建于1914年的湘雅医学专门学校,是我国第一所引进外国现代医学、中外合办的西医高等学府。孙中山曾题写"学成致用"的勉词,毛泽东曾在此主编过《新湖南》周刊。学校素来治学严谨,造就了汤飞凡、张孝骞、谢少文、李振翩、鞠躬、刘耕陶、刘德培、姚开泰、夏家辉等一大批海内外有影响的医学专家,享有"南湘雅,北协和"的盛誉。

1914年7月,由湖南育群学会出面代表湖南省政府与美国雅礼协会联合创办湘雅医学专门学校。1915年9月,湘雅医学专门学校被北洋政府核准立案,并由湖南省政府拨款在长沙北门外麻园岭购地54.9亩,作为建造医学校新校舍之用。1920年初,湘雅医学专门学校迁入麻园岭新址。1925年5月,湖南育群学会与美国雅礼协会签订了续约十年的协定,湘雅医学专门学校更名为湘雅医科大学。1929年9月又重新恢复招生。1931年底,学校更名为私立湘雅医学院。抗日战争中,湘雅医学院于1938年迁往贵阳,1940年改为国立湘雅医学院,1944年又迁往四川重庆。直到抗战胜利后,湘雅医学院于1946年迁回长沙,重建了"湘雅"校园。1953年湘雅医学院正式更名为湖南医学院。1987年更名为湖南医科大学。2000年4月29日中南大学组建后,复名为中南大学湘雅医学院。

校长办公楼

外籍教师楼

校长办公楼

校长办公楼，也称老办公楼，现为中南大学职工医院湘雅分院驻地。办公楼为两层，对称式布局，两侧楼房突出，中部面阔五间，为内进式外廊结构。

外籍教师楼

校内今存的外籍教师楼、小礼堂和校长办公楼均为20世纪10年代至30年代建筑，均为中西合璧式红砖清水墙建筑。外籍教师楼于1914至1916年间建成，由美国建筑师墨菲设计，建筑面积约500平方米。建筑坐西朝东，两坡屋顶，木楼梯、木地板，下有架空防潮层，门窗木工雕饰精美，房内设有壁炉。原为雅礼大学堂教授住宅楼之一，系红砖青灰墙体，褐色琉璃筒瓦盖顶，是典型的中西合璧建筑风格。1928年成为私立雅礼中学的教员住宅。自1979年湖南医学院与雅礼协会重新恢复交往关系起，该楼一直是雅礼协会援助医学院教学活动所派遣教师的居住场所。

西安交通大学

撰文 / 王天广
摄影 / 董 刚

西安交通大学是我国最早兴办的高等学府之一。其前身是1896年创建于上海的南洋公学,1921年改称交通大学,1956年国务院决定交通大学部分内迁西安,1959年定名为西安交通大学。2000年4月,国务院决定,将原西安医科大学、原陕西财经学院并入原西安交通大学,组建成新的西安交通大学。中国"两弹一星"功勋奖章获得者、享誉海内外的杰出科学家和中国航天事业的奠基人——钱学森是西安交大最著名的校友之一,以其名字命名的"钱学森图书馆"成为西安交大校园的一道独特风景线。

钱学森图书馆

西安交通大学图书馆的前身,为1896年创建于上海的南洋公学藏书楼。1919年10月建成图书馆大楼,命名为交通部上海工业专门学校图书馆。1921年更名为交通大学图书馆。1956年,图书馆大部分工作人员及绝大部分藏书随交通大学内迁西安。1957年9月,交通大学图书馆随校分设西安、上海两地。1959年9月,交通大学西安校区和上海校区独立建校,该图书馆相应定名为西安交通大学图书馆。原西安交通大学图书馆由两部分组成,北楼建于1961年7月,建筑面积为11200平方米,南楼1991年3月投入使用,建筑面积为18000平方米。

钱学森是一代西安交大人心目中最响亮的名字,是经过西安交大师生员工郑重推选,名列第一位的"最受崇敬的西安交通大学校友"。1995年5月,经中共中央宣传部批准,原西安交大图书馆被命名为"钱学森图书馆",时任国家主席的江泽民为之题写了馆名。这是我国有史以来第一座以健在科学家命名的大学图书馆。它镌刻着钱学森的亲切寄语,巍然矗立在西安交大校园中心位置,使西安交大的学子们能够时时刻刻感知到人民科学家的非凡魅力和卓越风采。作为西安交大的骄傲,钱学森激发着新一代交大人的责任感和使命感,鞭策他们志存高远,立足未来,探求科学新知,探索发展新路,攀登科学高峰。

钱学森图书馆正门

钱学森图书馆

撰文 / 王天广
摄影 / 董　刚

西北大学

西北大学的前身是建于1902年的陕西大学堂，1912年始称西北大学，1923年8月改称国立西北大学。1937年抗战爆发后，国立北平大学、国立北平师范大学、国立北洋工学院等校内迁来陕，组成国立西安临时大学，1938年更名为国立西北联合大学，1939年8月复称国立西北大学。西北大学现有太白校区、桃园校区、长安校区三个校区，总占地面积2360余亩。西北大学最著名的建筑，当属"大礼堂"。礼堂的规模并不太大，之所以得名为"大礼堂"，寄托了西大人对其独特历史的深深怀念。

大礼堂

大礼堂，建于20世纪30年代，又被称为"少帅的礼堂"，是西大人心中最神圣的精神殿堂。

大礼堂其貌不扬，半圆形的屋顶、高而狭的窗户，门头是四根圆柱支撑的一个向外伸出的风雨厅。大礼堂周身没有绚丽的色彩、繁杂的线条、精美的雕花，它古朴、凝重而沧桑。历经近80年的历史变迁，西大人始终精心保留着大礼堂的原貌，唯一的改动，是解放后在大礼堂的正门墙上镶嵌了一颗红星。

大礼堂的建筑规模其实并不大，西大人却从不单单称其为"礼堂"，偏偏喜欢在前边冠以一个"大"字。究其缘由，有以下两点。

其一，它在西北大学建筑中资格最老。在西北大学校园建筑中，大礼堂的历史最为悠久。从20世纪30年代建成至今，大礼堂历经风雨，是学校变迁发展史当之无愧的见证者。仅此一点，西大的其他建筑均无法与之比拟。

其二，它的首倡建设者身份特殊。大礼堂的首倡建设者是少帅张学良。张学良向来重视教育事业。在他担任东北大学校长之时，曾倾家扩建东北大学，连张夫人于凤至都拿出自己的私房钱，为东北大学创办了家政系。"九·一八"后，背负着国耻家仇，东北大学被迫内迁，先迁至北平，后随张学良入陕迁到西安。到达西安后的东北大学，就落脚在现在的西北大学校园，大礼堂就是在此时建造的。张学良还为东北大学校舍奠基

大礼堂

少帅题词的纪念碑

题写了奠基词："沈阳设校，经始维艰。自九一八，惨遭摧残。流离燕市，转徙长安。勖尔多士，复我河山。"并勒石纪念。现在大礼堂的门前，我们还能看到刻有少帅题词的纪念碑。

"九·一八"事变后，张学良背负"不抵抗将军"的骂名。入陕后，他却又不得不受命"剿共"。一边是国耻家仇，一边是"剿共"接连失利。对此，张学良内心充满了悲苦。少帅满腔的愤懑，倾注成一腔对东北大学莘莘学子的殷切之情，希望他们能学成后报效祖国。这短短的几句题词，正是他当时内心世界的真实写照。

少帅虽然走了，但大礼堂留下了西大人对他最真切的怀念。今天，西大学子遥想当年，大礼堂肯定不止一次见证过少帅勃发的英姿，回荡过他带有东北口音的慷慨激昂的演讲。他们不知道，少帅在作出他一生中最重大的抉择之时，是否也曾在这里徘徊过？也许，在他护送蒋介石回南京之前，曾来过这里，向他最关心的东北大学师生们告别过吧？而今斯人已逝，空留下无限追想。少帅在西安完成了他传奇一生中最精彩的一笔，大礼堂也随之穿越岁月沧桑，成就了自身的传奇。

在今天西北大学北区的校园里，大礼堂犹如一位慈祥的老者，在绿树掩映下，用平和的眼光注视着西大学子，显得格外沉静和悠闲。对西大人而言，大礼堂是少帅留给他们的最宝贵遗产，更是他们最神圣的精神殿堂。为了使这所精神殿堂更完好地保存那份历史厚重感，西大人还特意保留了围在它两翼的平房，甚至连大礼堂东西两边占地面积颇广的两排平房，也都一同保留了下来，以使大礼堂与周围的环境相和谐。在寸土寸金的现代化都市中，西北大学的这一举措，真可谓是一项"豪举"，更是他们守护精神殿堂最真切的"告白"。

兰州大学

撰文 / 王天广
摄影 / 潘丽娜

兰州大学前身为创建于1909年的甘肃法政学堂，1928年扩建为兰州中山大学，1945年定名为国立兰州大学。1965年，南开大学核物理、放射化学专业并入兰州大学现代物理系。2002年和2004年，原甘肃省草原生态研究所、兰州医学院先后并入兰州大学。兰州大学坐落在黄河之滨，校园面积3828亩，建有六个校区，其最著名的老建筑，首推其前身"至公堂"与其标志性建筑"积石堂"。

至公堂

至公堂，是兰州大学的前身，建于1875年，曾为清朝年间贡院乡试的考场重地，其牌匾"至公堂"由左宗棠亲自题写。门楣两侧对联亦是左宗棠手书，至今犹在。上联为"共赏万余卷奇文，远撷紫芝，近搴朱草"；下联为"重寻五十年旧事，一攀丹桂，三趁黄槐"。

至公堂这座古建筑，庄严而肃穆。粗壮的槐树、零乱而又枝叶茂密的松树，以及生命力顽强的牵牛花等，将这座气势恢弘的古建筑重重包围。走近至公堂，记录着历史风尘的古朴门板、溢满历史厚重感的大梁彩绘、门廊里黑枯的雕梁画栋，以及风韵犹存的黝黑檐头、泛黄的檐角椽梢、木质的刻花窗棂，仿佛将人带入一个古老而幽静的世界。

一座古建筑就是一段厚重的历史。至公堂不仅建筑式样精美，庄严肃穆，而且还在甘肃省教育发展史上占据着极其重要的地位。它是西北有史以来第一

至公堂

个、也是当时全国最大的贡院，对甘肃地区文化教育的进步产生了难以估量的影响。包括至公堂在内的兰大二院现址，也曾是甘肃省近代教育、医学、工业的发祥地。因此至公堂集三大历史渊源于一身，被专家誉为"文物三宝"。

积石堂

积石堂现为兰州大学图书馆，其历史可追溯到1909年。1913年以清代贡院遗留的"观成堂"为书库，"至公堂"为阅览室，1946年以后修建二层独立馆舍一座，名曰"积石堂"，面积1616平方米。1962年建成7800平方米的图书馆。这座具有浓郁俄式建筑风格的老建筑，在兰州大学建筑群里"一枝独秀"，倍受兰大学子推崇与喜爱。这栋经历了50多年风雨的建筑，整体还保留着典型的俄式风格，特别是那尖尖的钟塔，仿佛慈爱的母亲，静静地看着校园里来来往往的学子们。积石堂不仅是兰州大学的标志性建筑之一，而且还变成了兰州大学悠久历史传统的象征和深厚人文积淀的载体，以至兰州大学的校徽也以其作为最主要的组成部分。

积石堂

太原师范学院

撰文/袁 飞
摄影/杜 猛

太原师范学院由山西大学师范学院、太原师范专科学校、山西省教育学院合并组建而成。这三所学校均有悠久的历史。山西省教育学院1929年在国民师范旧址成立；太原师范专科学校1958年在山西大学堂原址成立；山西大学师范学院1988年在大营盘开办普通高等师范本科教育。太原师范学院分为北、中、南三个校区，占地面积共36万多平方米，建筑面积37万多平方米。

西学专斋

山西大学堂是中国最早设立的新型大学之一，与京师大学堂（今北京大学）、北洋大学堂（今天津大学）一道开创了中国近代高等教育的新纪元。山西大学堂创建于光绪二十八年(1902年)，由英国传教士李提摩太和山西巡抚岑春煊利用清政府"庚子赔款"兴建。最初，山西大学堂设中学专斋和西学专斋，校址在太原市侯家巷（现太原师范专科学校）。一部专教中学，由华人负责；一部专教西学，由李提摩太本人负责，由此"西学专斋"得以建立。

西学专斋，规模宏大，布局整齐，建筑风格为中西结合，是近代中西文化合璧的实物例证，由主楼与两侧翼楼组成。主楼宽三间，拱券式门洞，门洞上有楼身两层，顶部辟有平台，上建方形钟楼一座。两侧翼楼宽各十间，高两层，下辟拱券式门窗洞，上为方形窗洞，窗口上装饰有西洋式倚柱，两坡水屋顶，具有韵律感，女儿墙做雉堞状的装饰。整个建筑外观平衡对称，中西合璧，是太原市内一处不可多得的近代建筑景观。

西学专斋

云南大学

撰文/郭昭如
摄影/赵 宁 普晓侠

云南大学已有90余年历史,是我国西部最早的综合性大学之一。前身为1922年云南省都督唐继尧所创办的私立东陆大学。1937年著名数学家熊庆来出任校长,云南大学迎来了历史上最辉煌的时期,费孝通、楚图南等大批著名学者相继到校执教。20世纪40年代,云南大学已被美国国务院指定为中美交流留学生的五所大学之一。

云南大学占地4000多亩,建于明朝原贡院旧址,为钟灵毓秀之地。校内以"会泽院"为中心,"两院"(会泽院、映秋院)、"两坊"(腾蛟坊、起凤坊)、"两堂"(至公堂、泽清堂)、"一楼"(贡院考举楼)、"一亭"(风节亭)、"一居"(熊庆来故居)、"一点"(云南第一天文点)、"一碑"(烈士英雄纪念碑)、"一塔"(钟塔)等构成云南大学校园文化景观。其中贡院考举楼和"两坊"是研究明清时期云南科举制度及近代云南高等教育的重要实证,是中国1300年科举制度的见证物之一。

会泽院

建成于1924年,建筑面积4000余平方米,由著名建筑大师张邦翰主持设计。仿造建于1253年的巴黎大学的楼院建筑特点,是昆明较早的大型西式建筑之一,以学校创办人唐继尧的家乡"会泽"命名。该楼依坡而建,坐北朝南,呈"H"型,前有95级台阶层层叠起,上端平台耸立四根巨形圆柱,上托阳台,正门设有四扇巨型西式雕花栅栏铁门。95级台阶象征"九五之尊",《周易·乾卦》有"九五,飞龙在天"之说,昔日学子们

会泽院

至公堂

考棚

"一登龙门,身价百倍"。台阶前左右方各有牌坊一座,左为"起凤坊",内题"明经取士"匾;右为"腾蛟坊",内题"为国求贤"匾,足见科举文化的遗迹。

站在会泽院上,其下是波光潋滟的翠湖,成就著名的"崇楼眺翠"景观。沿95级台阶拾级而上,来到会泽院的"仰止亭",可见另一景观"龙门仰止"。会泽院左侧后方是"东号舍",贡院乡试考生考试、居住的地方之一,现存房间40间。整座会泽院气势宏伟,巍峨壮丽,使人产生登高仰止之感。会泽院历经沧桑,记录了云南大学的发展历程,众多名人荟萃于此。董泽、熊庆来、李广田等校长曾在此办公,冯友兰、顾颉刚、费孝通等大师曾在此执教。新中国成立后,彭德怀、陈毅、贺龙等来校视察,都曾在会泽院召开座谈会、听报告、作指示。今天,会泽院阳台正面镌刻着"会泽百家,至公天下"八个字,象征着云南大学精神。1987年,会泽院被云南省政府公布为省级重点文物。

至公堂

始建于1499年,原为明清贡院的主体,为古时科举监考、发榜的场所,是决定考生命运的地方。其牌匾"至公堂"为左宗棠题写。至公堂主体风格仿宫殿式样,南北两面开门,南为正,北为后。门两侧皆设窗棂,光线极佳。门东的一通石碑《重建贡院碑记》是研究云南科举制度的重要资料。

明朝时,贡院曾是农民起义军大西军将领艾能奇的定北府。明末,永历帝流寓云南,曾以贡院作为滇都宫室,在此驻跸一年左右,因此云南贡院也是汉民族封建皇权衰落的历史见证。清王朝统治云南后,"云南贡院每三年举行一次乡试,连考三场"。清嘉庆二十四年(1819年),林则徐任主考官,在此主持云南乡试。清光绪二十九年(1903年),贡院举行了最后一次乡试。民国十一年(1922年),云南大学建校就以贡院为校址,并在此基础上扩建。抗日战争时期,这里是爱国师生进行革命活动的重要场所,李公朴、朱自清、冯友兰、费孝通、冯至、田汉、吴晗、严济慈等近百位著名人士在此作过演说。

1946年7月15日,李公朴死难经过报告会在至公堂举行,著名诗人、学者闻一多拍案而起,怒斥国民党的暴行,发表了著名的"最后一次的演讲",当天下午他就被特务暗杀。如今,"至公闻吼"已成为云南大学一景。1987年,至公堂被列为省重点文物保护单位。

考棚

始建于明弘治十二年(1499年),为木结构两层小楼,房内有木制楼梯,为科举时期的考试用房。当年科举考试时,云贵两省数千学子跋山涉水、历经艰辛云集于此。清康熙年间,这里曾有房间4800多间,光绪年间一度超过5000间。据统计,清代云南文科举人多达6144人,上京参加会试的627人,均出于此处,其中包括云南历史上唯一的状元袁嘉谷。云南大学建校时,考棚被改为学生宿舍;新中国成立后,作为教职工宿舍使用;1987年被列为文物保护单位,并恢复"考棚"的名称。考棚除了门窗经过维修以外,其他都仍是原来的构造,甚至房前的廊柱都是几百年前的原物。

考棚外有一个八角亭台,名曰"风节亭"。明末著名大学士王锡衮在明亡后拟勤王、抗清,被云南土司沙定洲囚禁于贡院。在此期间,王常坐于风节亭,忧愤不已。他在所作的《风节亭恭记》中,写有"指日誓天惟报国"诗句,表达誓死报国的决心,永历元年(1647年)四月,遇害于至公堂,史称"忠节公"。历史沧桑,古亭屡建屡毁。1925年东陆大学在会泽院东侧重建八角亭,袁嘉谷手书"风节亭"匾额。1944年复毁。1995年由云南大学校友总会等共同出资,按原貌再建风节亭。

云南第一天文点

昆明是我国实测天文点的理想位置之一。元代27个测量所中,就有滇池测量所。从清康熙四十七年(1708年)开始,历11年后完成的《皇舆全图》,在全国共测640处,云南有30处,但无准确标志可寻。

1934年冬,由云南省政府教育厅、云南省教育经费委员会、云南省通志馆、云南大学、昆明市一得测绘所发起复测,云南大学校长何瑶主持。昆明在地球上的位置,东经102度41分58.88秒,纬度为北纬25度3分21.29秒,精确度达0.01。其标志首先镌刻在云南大学,因此被称为"云南第一天文点"或"云南大学天文点"。这就是我国第一次新法测绘最早、最准确的昆明经纬度基测,有重要的科学价值和历史价值。

熊庆来、李广田故居

建于1938年,为一座二层楼房,占地面积308平方米。此楼为土木结构,坐北朝南,一楼为熊庆来的接待室,二楼为卧室或办公室。著名文学家李广田20世纪50年代任云南大学校长期间也在此居住。

2000年4月,诺贝尔物理学奖获得者杨振宁教授访问云南大学,特意到熊庆来故居参观,回忆起少年时在此看到严济慈、陈省身、朱德祥等老一辈科学家切磋学术的情景,表示这里的学术气氛熏陶了一代科学家。

熊庆来,云南弥勒县人,1937年8月,被云南省政府主席龙云聘任为云南大学校长,用12年时间将云南大学办成一所一流的综合性大学。他同时还是国际数学界知名学者,抱定"科学救国"的理想,取得被国际数学界誉为"熊氏无穷级"的重要学术成果,精心培养出了华罗庚、陈省身、严济慈、钱三强、钱伟长等杰出弟子。

李广田,山东邹平县人,是我国著名的教育家、诗人、文学家,先后出版过《雀蓑集》、《圈外》、《回声》、《日边随笔》等散文集。其散文发人深思,融会了"诗的圆满"和"小说的严密",风格独特,自成一家。

云南第一天文点

熊庆来、李广田故居

钟楼

建于1956年，原为供应理科三馆用水的水塔，高20米，共7层，由云南大学土木系主任姚瞻教授设计。塔的顶层挂着一节废弃的氧气瓶当钟敲，师生上下课时都能听到钟声，后来便习惯称水塔为钟楼。钟楼在今天的云南大学建筑群中，高标独树，钟声悠扬，寓意无穷，被云南大学师生称为"钟铎接晖"。

钟楼

映秋院

泽清堂

理科实验楼

映秋院

建于1938年，始为云南大学女生宿舍，由时任云南省政府主席龙云的夫人顾映秋捐款修建，由著名建筑学家梁思成、林徽因设计。1992年重建，基本保留了原建筑形态。映秋院为四合院建筑，使用了不对称和院落组合的布局，还使用了游廊和望楼这两种中国民居的建筑要素。整个院落由平房、楼房、回廊、走道组成，东北设月宫门，西南建望塔，中西合璧，古朴典雅。著名画家徐悲鸿、"两弹一星"获奖者彭桓武院士等一批名家曾在此居住。1955年4月10日，周恩来总理也曾到此视察。

泽清堂

建于1941年，由时任国民党第一集团军总司令卢汉的夫人龙泽清捐款修建，是与映秋院相连的女生食堂。1993年重建。泽清堂为传统大殿式建筑，由著名建筑学家梁思成、林徽因设计。

理科实验楼

建于1954年，由云南大学土木系主任姚瞻教授主持设计。该建筑由三座独立大楼用两架天桥连接为一个整体。周恩来总理、彭德怀副总理分别于1955年、1956年到此视察。2005年被昆明市列为历史文化遗产保护建筑。

云南师范大学

撰文 / 郭昭如
摄影 / 赵 宁 普晓侠

云南师范大学地处昆明市，前身为国立西南联合大学师范学院，创办于1938年。1937年抗战期间，北京大学、清华大学、南开大学在岳麓山下成立了长沙临时大学。开学仅一个月，日军沿长江一线步步紧逼，危及衡山湘水，师生们于1938年搬迁入滇，长沙临时大学改名国立西南联合大学。抗战胜利后的1946年5月4日，西南联大宣告结束。茅屋草舍育英才。联大在滇短短八年培育出2522名毕业生，其中不少成为蜚声中外的一流学者。20世纪中期，中国科学院400名学部委员中，就有西南联大师生128名。

在北大、清华、南开三校复员北上之际，为报答云南父老八年的恩情，应云南省政府请求，师范学院留在昆明独立建校，改称国立昆明师范学院。解放后，定名为昆明师范学院。1984年，更名为云南师范大学。学校环境优美，留有西南联大时期的校风校貌。进门左侧"学高身正，明德睿智"几个大字是西南联大与云南师大的校训。右侧的"中国历史名校——国立西南联合大学旧址"的题书是由曾任全国政协副主席的西南联大校友、"两弹"元勋朱光亚题写的。

梅园、砚池

梅园、砚池所在之地乃是抗战时期日寇飞机炸成的一个弹坑。1946年5月，三校复员北返。惜别之际，西南联大常委、清华大学校长梅贻琦捐资将日寇弹坑浚为一池，成为今日的砚池。再锄池畔泥土，修建了一小型花园，园内种植数枝梅花，后众人定名为"梅园"，寓意为"永铭联大之精神，长留先生之德睿"。梅园砚池相伴四季，寓书香于花香中，寓厚重的历史于文化积淀中。

民主草坪

民主草坪的历史源于西南联大师生经常在此聚会，谈论国事。当年草坪面积为现在的十倍大，周围松柏翠竹、茅屋草舍四面环布，可容纳上万人，正前方垒有一个约一米高的讲台，被称作"露天讲台"，是昆明学生民主运动的指挥中心。

1945年11月，国民党对解放区发动军事进攻，中共中央呼吁"全国人民动员起来，以一切方法制止内战"。11月25日，发起了由西南联大、云南大学、中法大

民主草坪

学、英语专科学校学生组成的自治会，在西南联大的民主草坪上召开反内战演讲会，共有6000余人参加。当晚国民党政府即宣布戒严。次日中央社发表消息，称与会人士为"匪"，更激起学生愤慨。西南联大等18所大、中学校相继宣布罢课，并很快发展到31所学校。12月1日，国民党反动势力80余人，冲进西南联大和云南大学校园，包围罢课师生，打死4人，打伤20余人，制造了震惊中外的"一二·一"惨案，由此爆发了著名的"一二·一"爱国民主运动。毛泽东高度评价了这一民主运动，称其是"国民党区域正在发展民主运动的标志"，在我国青年民主运动史上写下了光辉的一页。

梅园、砚池

西南联大旧址

西南联大旧址

在云南师大正校门东侧墙上，镶嵌着两行金色大字："中国历史名校国立西南联合大学旧址"，落款为"朱光亚"。在校园东北角矗立着"国立西南联合大学纪念碑"。该碑树立于1946年抗战胜利后，北大、清华、南开三校北返前夕，由西南联大文学院院长冯友兰撰文，中文系教授闻一多篆额，中文系主任罗庸书丹。纪念碑碑体雄壮，书法遒劲，文采飞扬，意蕴深广，气势恢宏，号称"三绝碑"，具有较高的历史、文学和艺术价值。纪念碑背面是从军的西南联大学生名录，共有800多位，其中一些参加的是中国远征军。纪念碑旁有一片碑林，碑上书写着西南联大几位关键人物的治校箴言。纪念碑另一侧则是一组雕塑作品，记录了西南联大八年校史的几个关键节点。在东北角还有西南联大当时的教室，长16米，宽5.8米，铁皮顶、木格窗、土坯墙。正是这样简陋的教室，走出了杨振宁、李政道这样一批世界顶尖科学家。教室不远处是建于1982年的"一二·一"运动纪念馆，邓颖超题写了馆名。2006年5月25日，国立西南联合大学旧址被列入全国重点文物保护单位名单，也成为全国爱国主义教育示范基地。

西南联大名师如云，有众多的学术"第一人"：中国懂得文字最多的人——陈寅恪；提出"中国人口相对过剩"的第一人——吴泽霖；把"形式逻辑"引进中国的第一人——金岳霖；开创中国比较文学的第一人——吴宓；中国政治学奠基人——钱端升；中国研制农药第一人——杨石先；美国国家科学院120年来第一位中国籍院士——华罗庚等。众多名师倡导学术自由与独立思考之风，也大大滋养了学生，两岸176位院士从西南联大走出，其中两人成为诺贝尔奖获得者。23位"两弹一星"功臣中，8位出自西南联大。如今，西南联大已经成为中国教育、学术、文化史上的一个传奇。

香港大学

撰文 / 郭昭如
摄影 / 上海微图

香港大学成立于1910年，前身为香港西医书院，是香港历史最悠久的大学，以英语作为教学语言。成立之初，港大模仿利物浦大学的制度，重理工而轻人文，只设医学院、工程学院及文学院三个学院。1912年，孙中山曾在此学医。1925年"省港大罢工"后，为进一步加强中西文化交流，于1927年成立中文系，掀起一股重视中文教育的潮流。战后随着社会需要，陆续增加各类学院。1989年后，政府推行大专教育本地化，大幅增加大学学位和课程种类，使多数香港人不用赴英国读大学，港大学生数量成倍增加，其教育质量及大学排名始终位于亚洲前列。相比内地高校，香港大学的校园面积堪称"精华版"。不过在这所依山而建的学府里，处处可追寻历史的踪迹，不事张扬的低调反而凸显其独一无二的风貌。

本部大楼

建成于1912年，是香港大学最古老的建筑物之一，是整所大学早年唯一的校舍。大楼采用后文艺复兴时期的建筑风格，以红砖及麻石建成，内部宽阔、外形匀称，建有两层的巨型爱奥尼柱式及舍利安那式拱窗，加上花岗石柱支撑。大楼顶部置有钟楼，四角则有塔楼。

1939年，张爱玲曾在这里的文学院读书，选修中文及英文，成绩优异。张爱玲当年读书的文学院在本部大楼，宿舍则在东南的仪礼堂。每日，她都要沿着蜿蜒曲折的小路，往来于教室和宿舍之间。1941年12月8日，太平洋战争爆发，日军进攻香港，香港沦陷。港大被迫停课，变成临时医院，张爱玲还担任看护，看尽人生百态。不久，她返回上海并将在港大的经历写成《余烬录》。由于此建筑富有文艺复兴色彩，外观浪漫华丽，还被电影《色·戒》选为取景地。

本部大楼

本部大楼局部

大学堂

建成于1861年，原名杜格拉斯堡。1894年，法国传道会购入该建筑物，并进行大规模修葺及重建。1954年，香港大学购入，将其作为男生宿舍使用，改称大学堂。

大学堂糅合了都铎风格及哥特式建筑特色，是一幢引人注目的建筑物。大学堂之外部有设计优雅的梯级，内部则有古色古香的图书馆及螺旋式楼梯，多部香港电影曾于该建筑物取景。

邓志昂楼

位于香港港岛薄扶林道本部校园，邻近薄扶林道，由邓肇坚爵士的父亲邓志昂于1929年捐助建成，作为香港大学中文学院。该建筑于1995年9月15日被列为香港法定古迹。邓志昂楼为一座三层楼的平顶建筑，外墙铺以洗水批荡，装饰花纹简朴。二楼外墙有五个小阳台。大楼于1931年9月28日由时任香港总督贝璐爵士揭幕。

邓志昂楼

大学堂

孔庆荧楼

美术博物馆

梅堂

孔庆荧楼

于1919年落成启用，位于本部大楼出口对面。孔庆荧楼由遮打爵士、佐敦教授以及其他人士捐款兴建，于1919年2月由时任香港总督司徒拔爵士主持揭幕仪式。该楼原用作学生会之用，第二次世界大战后则改作行政用途，1974年改为高级职员休息室。1986年，香港大学为感谢孔庆荧的捐献，将建筑物命名作"孔庆荧楼"。

美术博物馆

创立于1953年，是香港历史最悠久的博物馆，所用建筑原属1923年启用的冯平山图书馆，故最初称为"冯平山博物馆"。1994年，改称为"香港大学美术博物馆"。1996年，博物馆增加了新翼，位于徐展堂楼的展厅建成开放式。建成以来，博物馆珍藏逾1500件具历史价值的中国艺术品，主要分为青铜器、陶瓷和绘画三类，年代上自新石器时代，下讫清代。

在陶瓷方面，博物馆藏品包括新石器时代的彩陶，汉代和唐代的铅釉器，以及色泽绚丽的唐三彩。其他藏品有早期的越瓷及青瓷，宋代的名窑作品定窑、磁州窑，以及明清瓷器等。其中，以唐代的釉里蓝点三足水注最为珍贵，它是中国最早期的青花例子。

在青铜器方面，博物馆收藏了商代及西周礼器，东周至唐代铜镜，以及在世界上藏品最丰富的元代景教铜十字。在其他艺术品方面，博物馆还藏有木、玉和石凳雕刻，以及少量明代至现代的中国水墨画及油画。

梅堂

建于1969年，属爱德华式建筑风格，作为宿舍使用。原本有三幢楼，现存两幢，改称"梅堂"及"仪礼堂"。楼前设有"月明泉"喷水池，是李嘉诚为纪念其夫人庄月明而捐款设立。日治时期被日军占用。台湾作家龙应台也曾居于此。

撰文 / 王天广
摄影 / 上海微图

台湾大学

台湾大学建立于1928年，其前身是日本侵占台湾期间的台北帝国大学。1945年，改制为国立台湾大学。台湾大学不仅是台湾的最高学府，而且也是台湾建校时间最长、占地面积最大的"巨型"高校，总共拥有约345平方公里的土地，约占台湾总面积的百分之一。

台湾大学风景秀丽，被誉为自然景观与人文气息相互交融的生态旅游胜地。置身台湾大学，移步换景之处，无不是风姿独特的画卷。宽阔的椰林大道，是台大享誉世界的标志性景物，象征着台大开放渊博的气度。仅仅是在椰林大道上漫步，就能让人感受到海阔天空的包容与旷达。此外，气势雄伟、巴洛克风格的新总图书馆，充满静谧诗意、浪漫风情的醉月湖，林阴夹道、青春洋溢的舟山路，弥漫着热带雨林气息、隐立着西洋建筑的傅园，无不让游者流连忘返。

台湾大学的建筑特色，奠定于台北帝国大学时期，由当时的总督府营缮科所设计，采用罗马式的建筑风格，大量使用拱门、门庭元素，突出展现空间上的层次，强调入口的位置。

校史馆

校史馆，原为台湾大学旧总图书馆，系台湾大学校内首批建筑之一，建于1928年，历经五次扩建终至今天的规模。校史馆为罗马式建筑风格。该楼仿罗马柱头撑起厚实的拱廊，似乎向人宣告此处为藏书重地。外墙使用大量红砖及白色建材，造型具有层次感，正门处有三个拱型入口，向内尚有三个拱型入口，造型与通风都相当良好。1998年，旧总图书馆被台北市列为市定古迹加以保护。

校史馆

行政大楼

行政大楼

行政楼原为台湾大学的"帝大校舍",是台湾大学最早的一批建筑,以红砖建筑为主,目前为台北市市定古迹。

附录一

近代中国教会大学建筑风格流变

文字整理/秦　岭

　　近代中国教会大学一般是指19世纪末以来，由英美基督教会和罗马天主教会在中国设立的17所高等教育机构，分布在华东、华南、华西、华北、华中等5个区域。其中基督教大学14所，天主教大学3所。在校舍建设中，采用中西合璧式样的教会大学有12所，它们分别是燕京大学、辅仁大学、圣约翰大学、金陵大学、金陵女子大学、华西协和大学、华中大学、岭南大学、福州协和大学、湘雅医学院、齐鲁大学以及北京协和医学院。在当时的历史条件下，除了少数租界的建设之外，在教会大学的校园中兴建起诸多形态各异的近代建筑，由此形成了中国近代建筑发展过程中的一个高峰时期。教会大学的建筑往往具有质量高、规模大、数量多、集合成群的特点，成为学校所在城市或地区的主要景观。在上海，圣约翰大学的怀施堂和科学馆，较之号称"十里洋场"的上海外滩租界，两者于同期进行建设，规模亦相当。在华中，当地最现代化的是湘雅医学院的建筑。在南京，金陵大学北大楼的高度与鼓楼相齐，宏伟而古雅，是当时南京最高的建筑之一。在成都，华西协和大学建筑群则是成都近代建筑中的代表作品。在北京，辅仁大学当时被誉为北平三大建筑之一，而燕京大学校舍的宏伟和校园的优美更是世界知名。因政治局势的缘故，教会大学的建设活动时疾时缓，一直持续到1949年，最后的作品是华西协和大学的新礼堂。从1894年到1949年，教会大学建设的时间跨度长达半个世纪之久。

　　19世纪末至20世纪初是中国教会大学的初创期，在此期间能够筹措到开办经费的学校都纷纷修建了校舍。在中国建立的大学应该采用何种建筑形式？对此，传教士们感到一片茫然。有的传教士按照自己的愿望和理解构想了一个朦胧的东方梦。为了实现这个梦，他们将希望寄托于西方的建筑师。对于西方建筑师来说，这是一次富有东方情调的冒险，其结果是诸位方家不约而同"偷师"了中国式大屋顶的特征，其余部分则各显神通。西方建筑师在对大屋顶的处理上也是手法各异，根据广州大学董黎教授的研究，可大致分成两种流派：一种是以地方特色为其参考摹本，比如华西协和大学、岭南大学和圣约翰大学等。另一种是以中国宫殿式建筑为其参考摹本，以金陵大学的建筑为渊薮。但在教会大学初创期，并没有形成某种程式化的趋势。最早进行中西合璧式尝试的是上海圣约翰大学。圣约翰大学在中国教会大学中建校最早。校舍建设始于1879年，第一幢校舍是两层楼的外廊式建筑，正面宽220英尺，深度130英尺，外部样式采用了具有江南格调的民居形式，其后又照样建了两幢宿舍，或许还参照中国传统书院的平面结构进行了总体布局。1892年，圣约翰大学募捐到26000元建新校舍，因无地皮便拆除原有房屋重建，1894年新楼竣工，取名为"怀施堂"。这是教会大学建筑中最早出现的中西合璧式建筑，为两层砖木结构，中式的歇山屋顶上铺传统的蝴蝶瓦，口字形平面布局，墙身则是连续的西式圆拱外廊构图。最引人注目的是怀施堂的钟楼设计，以两个横向歇山顶教学楼夹住竖直的钟楼，钟楼则采用了双层四角攒尖顶，檐角夸张地飞扬上翘。根据《圣约翰大学五十年史略》中记载："关于建筑物之图样，已经在美国绘就，务将中国房屋之特质保存。如屋顶之四角，皆作曲线形。实由约大开其端，后此教会学校之校舍，皆仿行之，甚为美观。"从此记载中可推断，'怀施堂'的设计是美国设计师对印象中风靡欧洲18世纪的"中国风"江南亭廊造型的一种致敬。圣约翰大学要保存"中国房屋之特质"的无心插柳之举，却开创了近代中西建筑文化交汇的先河。圣约翰大学校长卜舫济是一个既顽固地坚持以基督教之信仰征服中国的人，同时又是尽毕生精力投身于中国教育事业的传教士，他对中国充满感情。在他的主持下，圣约翰大学的建筑一直保有中国古典建筑的印迹，用他本人的原话则是"外观略带华式"。纵观圣约翰大学的建筑演变过程，早期完全是中国民间的传统样式，后来的发展从"务将中国房屋之特质保存"到"参用中西建筑形式"至"外观略带华式"，反映了中国近代建筑的"西学东渐"的一般过程。

　　"在1920年前，教会大学的历史一般可以根据西方的材料来叙述，并可以被看作是基督教在中国的使命史的一个方面。"根据顾长声在《传教士与近代中国》中的观点，自1920年以后，教会大学的命运就与中国近代史的演进紧紧相连，寻求中西方文化的结合成为教会大学不得不走的路。1922年的"非基督教运动"导致了两年后的"收回教育主权"的运动，教会大学成为遭受抨击的主要目标。该运动也标志着，决定教会大学命运的已不是传教士的主观愿望，而是中国的政治局势。1925年的"五卅运动"，1927年的北伐战争，都给教会大学提出了生死攸关的严峻问题，令基督教教育面临存继之忧。为了迅速回应急剧发展的中国政治形势，教会大学在力所能及的范围内明确其表示将"发扬东方固有的文明"的基本态度。建筑形式问题被赋予了表达教会大学和中国社会之间关系的新含义。自此以后，教会大学的建筑形态进入宫殿式建筑的成熟期，复古主义倾向日益明显。成熟期的教会大学建筑形态对中国近代建筑风格的形成具有巨大影响，开启了中国近代建筑由"折中主义"向"复古主义"的伟大变革。

　　费黎在《教会大学建筑与中国传统建筑艺术的复兴》一文中指出，这种复古主义倾向的第一个实例，当属北京协和医学院。该院主要建筑完工于1921年至1925年，由美国洛克菲勒基金会赞助。当时确立的设计原则是尽可能在外貌上实现"中国化"，使其与北京之建筑古迹和谐共存。北京协和医学院分为教学区和医疗区，楼高不超过三层，用汉白玉回廊连接，呈现半封闭的院落布局，建筑质量达到当时最高标准。其复古主义和向中国致敬的特点体现在主楼以故宫太和殿为模仿原型，优美舒展的凹曲型屋顶上，仿造的瓦饰优美，檐口平直，檐角上翘，属于简洁的中式大屋形制。坐落在汉白玉台阶上的围成院落的主体建筑，栏杆、扶手、台阶等建筑细部处处体现出中式建筑的特色。北京协和医学院主楼为三层，两边侧楼为两层，主体建筑体量积聚，屋顶庞大，具有突出的复古主义倾向。在1921年的北京协和医学院落成典礼上，小洛克菲勒代表洛克菲勒基金会致辞中解释了为何采用复古主义设计的原因："之所以如此做，是想让使用如此设计建造之建筑的中国老百姓得以一种宾至如归的感觉，也是我们对中国建筑之最好部分欣赏之诚挚体现。"

教会大学建筑彰显复古主义倾向的时期离不开一位美国建筑设计师——墨菲。墨菲·亨利·吉拉姆毕业于美国耶鲁大学，1914年开始在中国从事建筑设计，1928年出任国民政府的建筑顾问。主持当时中国首都规制的制定工作是他建筑生涯的顶峰。20世纪20年代的中国尚无独立开业的建筑设计师，初步繁荣起来的近代中国城市为许多西方建筑设计师提供了大显身手的广阔舞台。墨菲的过人之处在于他能够突破传统殖民地建筑风格的程式，通过对于中国传统建筑形制的潜心研究，将中西建筑风格巧妙融合。这也使得墨菲取得了其他西方建筑设计师在中国难以企及的地位。1914年的清华大学扩建工程是墨菲在中国主持的第一个校园总体规划。他主持扩建了清华大学学堂（东部）以及清华园"四大建筑"的大礼堂、科学馆、图书馆（东部）和体育馆（前部）。此时已有诸多西方建筑设计师进行了中西建筑风格的交融，包括司迈尔的金陵大学北大楼和东大楼，荣杜易的华西协和大学的怀德堂、合德堂和万德堂，柯林斯的岭南大学马丁堂，佚名建筑设计师的圣约翰大学的怀施堂和科学馆。在这些西方同行已经建立的典范中，彼时的墨菲尚未崭露头角，但其在清华大学主持建筑的经历开启了他和中国古典建筑的不解之缘。1920年之后，他先后主持了福建协和大学，长沙湘雅医学院，金陵女子大学，燕京大学，岭南大学陆佑堂、哲生堂，南京灵谷寺和北京图书馆。墨菲建筑的特点是在中式建筑的基础上加上中国化的西方建筑元素，同时又将中国古典建筑的韵味融入西式墙身中。同时，他也许是第一位理解斗拱在中国传统建筑艺术中的精髓并加以运用的西方建筑师。

燕京大学是教会大学建筑艺术中西合璧的典范。校长司徒雷登是"基督教中国化"的代表人物，他提出在学校建筑方面尽量"中国化"。燕京大学陆续建造了88幢中西合璧式建筑，创造了一种浓厚的"中国化"环境气氛。在中国近代的教会大学或国立、私立大学中，燕京大学的建筑群堪称是规模最大、质量最高、整体性最完美的校园建设工程。司徒雷登在《在华五十年》中回忆："燕大新校址完成后，很多年来，凡是来参观的人，都夸赞燕园是世界上最美丽的校园。因为他们异口同声地说，后来我们自己也几乎相信了。"复古主义代表人物墨菲任燕京大学的总建筑师，使得燕京大学成为复古主义艺术的典范。燕京大学校史如此记载："新校址建筑师是亨利麦斐。他对于中国宫殿亭园极为欣赏，所以他的建筑设计都采用这种形式，而另外加以新式设备，更切实用。他在福州、南京已有建筑校舍的经验，为燕大建筑，凭以往经验，更加以多方面的改进。"因此，墨菲在司徒雷登的要求下，最初的设计就采用了复古主义式样，由于建筑数量多，所说的"多方面的改进"就表现为中国宫殿形制的各种式样和装饰手法的灵活运用，可谓集中西合璧建筑艺术之大成者。燕京大学建筑代表着近代教会大学建筑的最高艺术成就，已被列入北京市重点文物保护单位，其保护理由为："整组建筑采用中国传统建筑布局，结合原有山形水系，注重空间围合及轴线对应关系。格局完整，区划分明，建筑造型比例严谨、尺度合宜、工艺精致，是中国近代建筑中传统形式和现代功能相结合的一项重要创作，具有很高的环境艺术价值。"

教会大学建筑的建造一直试图融合两种异质建筑文化，将中国民族形式建筑风格与西方的建筑典范进行交流。历史的偶然使得倡导建筑风格中西交融的西方传教士，拉开了中国传统古典建筑复兴的序幕。在梁思成看来，20世纪30年代之后，由于中国民族意识逐渐觉醒，这种建筑新式样又被视为弘扬和继承了中国传统文化的象征，广泛地运用在行政办公建筑和其他公共建筑的外部造型之中，譬如吕彦直的中山纪念堂和中山陵，范文照、赵深的国民政府铁道部，徐敬直的中央博物馆，杨廷宝的中央医院，赵深的国民政府外交部等一大批有重要社会影响的中西合璧式的优秀作品。这表明了这种建筑式样已远远超出了教会大学建筑的应用范畴，可视为中国建筑艺术复兴的象征，而且中国本土的建筑设计师已取代了外国建筑设计师，成为探索中国民族形式建筑风格的主要设计者。如今，这种建筑新式样在几代中国建筑设计师的不断努力下，已经成为一种具有特殊意义的现代建筑形式而得到了整个社会的认同。而教会大学建筑存在的社会价值和文化交流意义以及在中国建筑近代化过程中发挥的历史作用，却有意无意中被淡化了。

随着时代的进步和发展，教会大学建筑作为中西文化双向流动的成功范例，理所当然得到了国内外学术界的普遍关注。对于建筑界来说，从文化学的大范畴来考察和研究中国教会大学建筑形态，可以拓宽学术视野，更充分地认识和理解建筑的文化内涵和文化交汇的特点，应是中西建筑文化比较研究的重要领域。

附录二

墨菲：中西合璧的民国大学建筑大师

文字整理 / 秦 岭

在中国传统建筑走向现代化的转型过程中，有一条在西方的材料、结构、技术条件下探索并营造具有中国特色之新建筑的道路尤为引人注目。从最早由欧美建筑设计师引领的在教会大学的钢筋混凝土建筑之上所采用的中国式屋顶，到南京十年(1927—1937)国民党政府提出要在公共建筑上采用"中国固有之形式"，一批民族形式的建筑应运而生。美国建筑设计师墨菲(Henry Killam Murphy)无疑是一位不该被遗忘的重要人物。在长达二十多年的时间中，墨菲将自己事业的重心放到了中国，探索将中国丰富的建筑传统与西方先进的建筑理论和技术相结合的建筑设计和城市规划，留下了一批被称为"中国古典建筑复兴风格"的建筑。他在中国的建筑实践，尤其是在中国近代大学建筑设计中的创造，对我国近现代建筑的发展，以及中国建筑设计师运用西方建筑理论创造新的民族形式的建筑都产生了积极的影响。

1914年夏，37岁的美国建筑设计师墨菲在紫禁城内流连徜徉，一连几个小时，他完全被这里庄严的建筑迷住了。事后他写道："这是世界上最好的建筑群，其他任何国家、任何城市都不可能找到如此宏伟壮丽的建筑。"

这是墨菲与中国传统建筑的初次邂逅，此后长达二十多年的岁月里，他将自己事业的重心放到了中国，醉心于探索中国建筑传统与西方建筑技术的结合，在华夏大地上留下了一批被称为"中国传统复兴式"的建筑，其中的巅峰之作，便是燕京大学校园，即今天的北京大学。

参观过紫禁城仅仅四天后，墨菲获得了规划设计清华大学的委托。正处于故宫之行所带来的巨大震撼中的他，提出了一个"中国古典建筑复兴风格"的设计方案。然而清华学校是以让学生出国后能迅速适应美国校园生活而设立的留美预备学校，校方最终还是选择了西洋风格的校园建筑，因此现在清华校园中标志性的"四大建筑"——大礼堂、图书馆、科学馆和体育馆，都是"洋面孔"。

尽管初战未捷，墨菲并未就此放弃对中国传统风格与现代建筑技术相结合的探索。在来中国之前，墨菲已开始尝试设计中国传统风格的校园建筑。1913年在湖南雅礼大学的设计中，他便使用了中国式的屋顶。为了让屋顶空间能够更好地通风和采光，他在大屋顶上设置了与中国建筑意趣大相径庭的五扇老虎窗，这可以说是一次不成功的尝试，最后建成的作品看起来不中不西，风格诡异，然而仍然受到了校方的好评。

墨菲敏锐地觉察到了当时中国社会正在酝酿的剧烈变化，一种强烈的预感抓住了他，使他相信这场变化必然会在建筑风格上引起巨大的变局。从16世纪的利玛窦开始，传教士逐渐将西方的文化带入中国。早期的传教士大多是低姿态的，他们穿儒服，说汉语，采用中国民居、寺庙的形式建造教堂，仅立十字架为象征。但1840年的鸦片战争之后，洋人开始在古老的中国文明面前耀武扬威起来，一座座欧式教堂次第林立，西洋之风也从教堂慢慢吹向城镇的各个角落，出现了各种类型的西洋建筑。

东风与西风相遇，冲突不可避免。1870年爆发了"天津教案"，此后中国内地教案频发。1900年的义和团运动更是将反洋教的斗争推向了高潮。使用进口的外国砖建造的教堂被视为对中国人的侮辱，在各地都遭到损毁。遭遇重挫之后，欧洲人也开始反省自己的建筑是否一定要继续穿着西洋的外衣。与此同时，在动荡和灾难中高涨的民族情绪，不断呼唤着建筑师设计出具有中国风格的现代建筑。

燕京大学正是由在义和团运动中被焚毁的两所教会大学——汇文大学和华北协和大学联合组成的。1919年，在新任校长司徒雷登着手筹备建设新校园之时，五四运动正在全国上下掀起新文化运动的浪潮，民族情绪空前高涨，"庚子之变"后痛定思痛的教会大学，衷心希望学校能够以中国样式建造。他们请来了有志于在这方面有所建树的墨菲担任新校园的总设计师。

千载难逢的机遇摆在了墨菲面前——中国式的现代建筑，没有人知道那应该是什么样子。电灯、暖气、钢筋混凝土，中国人已经看到过现代化所带来的种种便利，但以西方石结构体系为基础发展出来的现代建筑，面对数千年在木结构体系中传承下来的中国传统建筑，却忽然感到手足无措。中国式的大屋顶也早就不止一次地被加在西式的立面之上，然而墨菲的设计显然技高一筹。墨菲指出："现代建筑如果不能在模仿屋顶之外更进一步，就根本不可能真正复兴中国风格。"为此他提出三点：以紫禁城宫殿为代表的空间形式，以宫殿和塔为代表的建筑形式，以斗拱、飞檐和彩画为代表的细部形式。他认为，这三点才是中国传统建筑的精华所在。

1918年，他接受金陵女子大学(今为南京师范大学随园校区)的设计委托，这次，校方希望建成完全中国化的风格。在墨菲的校园规划方案里，最引人注目的是入口处长长的林阴道，它隐喻着紫禁城邃长的千步廊；林阴道后与其构成纵横对比的大草坪，与太和门前的横长庭院似乎也有着一些呼应；最后收束中轴线的西山上的楼阁，则象征着紫禁城的景山。而与金陵女子大学几乎同时开始设计的，则是被墨菲命名为"适应性建筑"风格的中国传统复兴建筑的代表作——燕京大学校园，现在的北京大学校园所在地。

在1920年燕园的设计中，墨菲倾注了更多的热情。他的雄心是使燕园成为仅次于北京紫禁城的建筑杰作。新校址的位置尚未选定，墨菲就来到了北京，和燕京大学校方定下了第一个详细的规划设计方案。在这个方案中，校园以长方形的院落次第展开，这种布局方式既能够轻松地被西方人理解，同时也深深地刻着中国紫禁城严谨宏大的印记。沿主轴线布置了主校门、主体建筑图书馆和行政楼、基督教青年会馆、医务楼，最后以一座高耸的宝塔收束——对西方人来说，"塔"是中国建筑最为美丽，也最富神秘色彩的象征。主轴线左右配置了两条辅助轴线：一条布置了宗教学院和新闻学院，一条布置了职业学院和农林学院。这两条轴线很短，不像中轴线那样贯穿整体，从而对后者构成拱卫之势。整个建筑群主次分明、虚实有致，宛然一座微缩的紫禁城。

墨菲的设计理念直接影响到中国第一代建筑师中

最为著名的吕彦直。正是由于在墨菲事务所积累的经验，奠定了他在南京中山陵和广州中山纪念堂建设上的成就。后来协助完成中山陵和中山纪念堂项目的李锦沛，主持了大上海市中心规划和许多重要建筑设计的董大酉以及曾多次担任"中国建筑师学会"会长的庄俊也都曾是墨菲事务所的中国雇员。

墨菲还主持进行了中国近代第一个按照现代功能分区理念制定的城市规划《首都计划》。这个规划奠定了现代南京的基本城市格局，将城市划分为中央政治区、市行政区、公园区、住宅区、商业区、工业区等，并要求在建筑形式上采取"中国固有之形式"。赵深、杨廷宝等也参与设计了墨菲规划的国民政府建筑物，延续了中国古典建筑复兴的建筑语言。

清华讲堂（现为大礼堂），美国建筑设计师墨菲设计，建成于20世纪20年代

附录三

老建筑里传出的大学校歌

文字整理 / 秦 岭

人们常说，大学的灵魂是它的独立思想和传统精神，而最能反映一所大学传统和特色的是校训。校歌是校训内涵的进一步阐释，是校训的延伸，是对大学传统和特色的继承和展示。

民国时期是一个社会动荡、战乱频繁的时期。中国高等教育在跌宕起伏的历史进程中一次次凤凰涅槃，西南联大的横空出世书写了中国大学在夹缝中依然茁壮成长的历史事实，表明中国高等教育从来没有放弃自己的思想价值追求。民国时期，大学校歌作为文化的载体，弦歌不断、吟唱至今，保存了中国高等教育的精神火种，对民国乃至后来高等教育的发展具有不可估量的价值。

民国时期的高等教育在我国高等教育史上起着承前启后的重要作用。这一时期，高等教育发展的突出特点就在于"合理内核的继承"。上至国民政府、下至各大高校，都非常注重文化的传承和校园文化的营造。民国时期的校训、校徽、校歌的制定和创作被看作"立校之基"，其中校歌尤以其流行性，备受民国时期高校师生的青睐，被视为"校魂"。中国的大学作为中国现代化进程的产物，其理念内涵反映出中西融合及民族性的特征。民国时期的大学一方面学习西方的教育理念，求师"西学"，比如蔡元培效仿德国洪堡大学的学术自由精神提出"思想自由、兼容并包"，又如胡适师从杜威提倡民主主义的教育等；另一方面其发展又深受传统文化的影响，植根于具体的国情和社会现实中。民国时期的大学就在传统与现代的碰撞中、中国与西方的交流融合中不断地调适和嬗变，形成了具有自身特色、丰富多元的大学理念。各个大学所追求的大学理念在这一时期的校歌中得到充分体现。

一、传承儒家文化，崇尚传统精神

从经典的作品中汲取营养是民国时期各个大学创作校歌的渠道之一。儒家文化为校歌提供了源源不断的创作源泉。民国时期的大学在这种文化的浸染下，蕴含着大学应重视学生"德性"和"志向"培养的精神。

创作于1916年前后的《南京高等师范学校校歌》（由该校首任校长江谦作词、李叔同制谱，今南京大学校歌），就为推崇万世师表孔圣人和儒家学说："大哉一诚天下动、如鼎三足兮，曰知、曰仁、曰勇。千圣会归兮，集成于孔。"又如1919年初诞生的《南开大学校歌》："渤海之滨，白河之津，巍巍我南开精神。汲汲骎骎，月异日新，发煌我前途无垠。美哉大仁，智勇真纯，以铸以陶，文质彬彬。"这"大仁"、"智勇"、"真纯"、"文质彬彬"正是儒家心目中理想的君子形象。把儒家君子的形象直接写入校歌，传递着君子人格应成为学生心中追求的信息。创作于1923年前后的国立清华大学校歌中也有"器识其先，文艺其从，立德立言，无问东西"的表述。该歌词中的"立德立言"号召广大青年学生向成为"有德之人"、"有功之人"的目标努力，展现了青年人特有的激情以及在学业上要有所建树的志气。

儒家文化中，把理想和信念放在人的德性之核心位置。"立志"成为做人第一要素。国立北平师范大学校歌中唱道"一堂相聚志相同"、"宏我教化，昌我民智，共矢此愿务成功"。歌词体现了对"志"的重视，正因为志向相同才让大家走到了一起，才有了共同奋斗的目标。国立北京大学的校歌也要求学生珍惜光阴、立志成才。歌中唱道："景山门启鳣帷成，均又新，弦诵一堂春。破朝昏，鸡鸣风雨相亲……珍重读书身，莫白了青青双鬓。"其铮铮良言是对每个北大学子的良言忠告。

二、倡导思想自由，追求科学真理

"德先生"和"赛先生"给我们带来了民主和科学的精神。五四运动后的中国高校更加向往自由的生长空间。1925年，由刘大白作词、丰子恺作曲的《复旦大学校歌》这样开篇："复旦复旦旦复旦，巍巍学府文章焕，学术独立思想自由，政罗教网无羁绊。"它把学术独立和思想自由直接写入大学校歌，表明了近代大学对自由精神的渴望。这一时期大学所追求的目标正如创办柏林大学的洪堡所倡导的："尊重科学和它的自由的生命力，以不受限制的科学手段，培养学生成为

李叔同（弘一法师，1880-1942），南京大学历史上第一首校歌——《南京高等师范学校校歌》谱曲人

复旦大学校歌

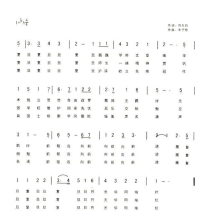

《复旦大学校歌》刘大白作词、丰子恺作曲

具有真正科学修养，有独立思想、有理智和道德的青年。"民国时期的大学在学习西方的过程中，也将"求真"、"求实"、"崇真"这些科学的精神渗透到自己的办学实践中，形成了自己的大学观。1938年由马一浮作词、应尚能教授谱曲的《国立浙江大学校歌》中提到："昔言求是，实启尔求真"，启迪大家不断地探求真理。就学术而言，民国时期的大学体现的是以传播为志业、献身科学、探索真理的精神，体现的是中西方文化融合的大学观，展示的是"海纳江河"的博大胸怀，展现了对真善美的追求。

三、唤起学生社会责任，激发民族意识

《国立艺术专科学校校歌》(滕固作词、周学咏作曲)唱道："我们以热血润色河山，不使河山遭蹂躏；我们以热情讴歌民族，不使民族受欺凌。"这首歌激昂奔放、雄浑豪迈，充分体现了强烈的危机忧患意识和浓厚的反帝爱国热情。民国时期各个大学面对日本侵华的事实，勉励学生发愤学习，感召他们矢志报国，校歌则成为了大学熏陶学生的重要阵地。这一时期所追求的大学理念，是一种超越大学本身、勇于担当历史责任的爱国精神和保家卫国的民族精神。民国时期的中国大学理念中所蕴含的民族责任也是其特有的精神追求。强烈的民族情感、勇于担当历史重任的大学精神在抗战时期西南联大的校歌中得到了最充分的体现。由西南联大中文系教授罗庸作词、张清常谱曲的《西南联大校歌》，堪称为八百年后的新版岳飞《满江红》。它不仅抒写了这段流亡历程的艰辛和悲愤，更表达了驱逐敌寇、恢复失地的信念，表达了一代学人担当国运的精神。"万里长征，辞却了五朝宫阙。暂驻足衡山湘水，又成离别。绝徼移栽桢干质，九州遍洒黎元血。尽笳吹弦诵在山城，情弥切。千秋耻，终当雪；中兴业，须人杰。便'一城三户'，壮怀难折。多难殷忧新国运，动心忍性希前哲。待驱除仇寇复神京，还燕碣。"该校歌与"刚毅坚卓"的校训相得益彰，构成了西南联大的"精神食粮"，激励莘莘学子为国效忠。全校师生更是在艰苦的环境中凭借强大的精神信仰，创造了中国高等教育史上的奇迹。

民国时期高校的校歌反映了民国时期对大学理念的追求，任尔风吹浪打，始终坚持自身的纯净与高尚。作为大学的文化载体、大学精神展示的重要平台和大学办学理念的具体体现，民国时期的大学校歌坚守了对大学理念的核心追求，成为一座精神灯塔，体现了大学精神的本真。

附录四

1952年中国高校院系大调整综述

文字整理 / 王天广

在编写《傲然风骨——大学里的老建筑》的过程中，我们发现一些著名的老建筑，由于1952年全国高校院系大调整的原因，其前世今生也变得有些扑朔迷离。作为建国以来高等教育史上规模最大的一次教育体制改革，本次改革涉及到了每一所从旧中国走出来的大学，形成了20世纪后半叶中国高等教育系统的基本格局。为了让读者更全面地了解这次改革的基本情况，同时也从侧面了解一些老建筑身世的变迁，我们根据有关研究成果，整理了如下综述。

1952年全国高校院系大调整的历史背景是当时我国教育模式的全盘苏联化。在建国初期，随着工业化建设的大规模推进，中国亟需大量专业人才，尤其是工业建设的专门人才。但是，由于长期的战争破坏，我国缺乏相应的人才储备，也缺少高校办学经验，因此非常倚重苏联专家的帮助。原计划十到十五年的高教改革，在抗美援朝战争爆发的大背景下，急剧提速。在"肃清美帝思想"和"以苏联为师"、"向苏联一边倒"外交政策的影响下，1951年11月，中央教育部召开全国工学院院长会议，拟订工学院院系调整方案，揭开了1952年全国高校院系大调整的序幕。这次改革，撤销了所有的教会大学和私立大学，大规模调整了我国高等学校的院系设置，把民国时期的现代高等院校系统，改造成了"苏联模式"的高等教育体系。

一、实施全国高校院系大调整的背景

1949年新中国成立后，为开展好教育事业，中央政府颁布《共同纲领》规定："中华人民共和国的文化教育为新民主主义的，即民族的、科学的、大众的文化教育"。中央政府认为，当时的大学课程不能适应国家建设对专业人才的迫切需要，"应有计划有步骤地改革旧的教育制度、教育内容和教学法"，须废除一些旧课程，增添马列主义课程，不仅学生要学，教师也要参加政治学习。同年12月，中央政府召开了第一次全国教育工作会议，根据毛泽东的建议，确定了"以老解放区新教育经验为基础，吸收旧教育有用经验"的高校改造方针。同时，强调老解放区高等干部教育是农村环境与战争环境的产物，因此"特别要借助苏联教育建设的先进经验"，"应该特别着重于政治教育和技术教育"，确立了政治理论课在新中国高校教育中的重要地位。

民国大学教育，基本遵循的都是美式教育理念，设立学院，下设若干系，注重"博雅教育"。而苏联的高等教育理念，则认为专业就是一种专门职业或一种专长，高校就是要培养专门人才。因此，专业的设置，越具体越好，并且要和实践相结合。由于新中国成立之初，中央政府缺少办学经验，因此对苏联专家非常倚重。据统计，50年代中国的高等院校，共聘请了861名苏联教育专家，直接参与中国高等教育的改造和建设。同期，中国派往苏联的留学生和进修教师，更是多达9106人。在苏联专家的帮助下，政府在1950年树立了两个按照苏联经验实行"教学改革"的"样板"，一个是文科的中国人民大学，另一个是理工科的哈尔滨工业大学。中央为中国人民大学确定的办学方针是"教学与实际联系，苏联经验与中国情况结合"，并投入重金供其为全国高校培养马列主义政治理论课的师资，同时还大批培训"调干生"。1950年中国人民大学一所学校的经费，就占当年教育部全部预算的20%。哈尔滨工业大学则完全仿效苏联工业大学的模式管理。

同时，中央政府也开始在小范围内零星地开展了一些高等院校的院系调整工作。1949年底，北京大学和南开大学的教育系并入北京师范大学教育系；北京大学、清华大学、华北大学三校的农学院合并成立了北京农业大学。1950年下半年，南京大学法学院的边政系被取消，该校社会学系并入政治系；安徽大学的土木工程系和艺术系并入南京大学；复旦大学的生物系海洋组并入山东大学；南京大学医学院改属华东军政委员会卫生部领导，后改称"第五军医大学"。

1950年6月1日，第一次全国高等教育工作会议召开，教育部长马叙伦在会上说："我们要在统一的方针下，按照必要和可能，初步地调整全国公私立高等学校和某些系科，以便更好地配合国家建设的需要"，要把过去"抽象"、"广博"的模式，改为"具体"、"专业"的模式，"一切以经济建设为中心服务"。对此，毛泽东在随后召开的中共七届三中全会上做了进一步指示，明确要求"有步骤地谨慎地进行旧有学校教育事业和旧有社会文化事业的改革工作"。他一方面强调，"在这个问题上，拖延时间不愿改革的思想是不对的"，一方面也认识到，这些工作要缓和地推进，"企图用粗暴方法进行文化教育改造的思想是不对的，观念形态的东西，不是用大炮打得进去的，要缓和，要用十年到十五年的时间来做这个工作"。

1950年10月抗美援朝战争的爆发，打乱了院系调整的计划。战争的爆发，导致新中国外交采取了"向苏联一边倒"的政策。与外交政策相配套，教育界也必须隔断与美国的联系，彻底肃清美帝的影响。清华、北大等大学的教授，很多有美国教育背景，校内普遍推行的也是美式教育，几乎全国所有大学都在改造之列。所有美籍教师要么被辞退，要么在浓烈的反美氛围中离职回国。

到了1951年，在"以苏联为师"和"向苏联一边倒"政策的主导下，中央政府明确提出，要系统地移植苏联的教育模式，按照苏联的高等教育集权管理、高等教育国有体制和高度分工的专门教育体系，来建构中国的高教制度。从此，中国政府开始对高等学校实行集中统一的计划管理，将各校的招生人数、专业设置、人事任命、学籍管理以及课程设置等，全部纳入政府的计划管理范围。各高等院校试行政治辅导员制度，由专人担任各级政治辅导员，主持大学生的政治学习及思想改造工作。

对大学的改造工作，遭到了一些师生情绪上的抵触。由于美式教育理念的长期影响，一些师生表示对美国实在仇恨不起来，最著名的代表当属清华社会学教授潘光旦，他说自己大半生与美国联系密切，仇美实在仇不起来。这种抵触情绪，使中央意识到，必须在教育界搞一次"整风运动"。1951年9月29日，周恩来在中南海怀仁堂，为京津地区20所高校3000多名教师作了题为《关于知识分子改造问题》的报告，他劝导知识分子："只要决心改造自己，不论是怎样从旧社会过来的，都可以改造好。"建国后第一场知识分子思想改造运动由此全面展开。高校全面停课，所有教职人员，人人"洗澡"，一一"过关"。所谓的"洗澡"，是进行思想改造的形象说法。对此，教育部有明确指示，"尽量用热水烫这些人，只要烫不死就成"。"洗澡"的力度之大，"过关"的难度之高，可见一斑。据当事人回忆，在"过关"的过程中，清华的教授接受过"洗澡"后，轻则泪雨滂沱，重则失声痛哭。一些重点人物，如自称对美国实在仇恨不起来的清华大学教授潘光旦，则要三番五次地被"洗澡"；为了让燕京大学校长陆志韦在经济上断绝与美国的关系后，再"从内心深处仇视和痛恨美国对中国人民的文化侵略"，不仅对其进行了大批判，要求人人和他"划清界限"，而且还撤去了他的校长职务。

与此同时，中央政府还逐步取消了教会大学，并改造和限制私立大学。华东教育部以上海的私立大夏大学和光华大学为基础，筹建了公立的华东师范大学。1951年底，全国20所教会大学全部改组完毕，其中12所(即辅仁大学、燕京大学、津沽大学、协和医学院、铭贤学院、金陵大学、金陵女子文理学院、福建协和大学、华南女子文理学院、华中大学、文华图书馆学专科学校、华西协和大学)被收归国有，改为公立大学，其他9所(即东吴大学、齐鲁大学、圣约翰大学、之江大学、沪江大学、震旦大学、震旦女子文理学院、岭南大学、求精商学院)则维持私立，由中国人自办，政府予以补助。

二、开始按"苏联模式"实施院系调整

1951年底，通过建立按苏联模式运作的人大和哈工大两所样板学校，以及大规模地开展知识分子思想改造运动，进行全国院系大调整的障碍已经成功扫除。于是，1951年11月，教育部召开了全国工学院院长会议，拟定了全国工学院院系调整方案，随后教育部和重工业部、燃料工业部及其他有关部门多次磋商，最后拟订了"关于全国工学院调整方案"，该调整方案以华北、华东、中南地区的工学院为重点，揭开了1952年全国院系大调整的序幕。

(一) 本次调整的大致情况

北京大学被保留为综合性大学；撤销燕京大学；清华大学文、理、法三个学院及燕京大学的文、理、法各系并入北京大学。

清华大学改为多科性工业高等学校；北京大学工学院、燕京大学工科各系并入清华大学。

南开大学工学院、津沽大学工学院、河北工学院合并到天津大学。

浙江大学改为多科性工业高等院校；之江大学的土木、机械两系并入浙江大学；浙江大学文学院并入之江大学。

以南京大学工学院、金陵大学电机工程系、化学工程系及之江大学建筑系合并组成独立的南京工学院。

将南京大学、浙江大学各自的航空工程系并入上海交通大学，成立航空工程学院。

将武汉大学水利系、南昌大学水利系和广西大学土木系水利组合并，成立武汉大学水科学院；武汉大学矿冶工程系、湖南大学矿冶系、广西大学矿冶系、南昌大学采矿系合并为设在长沙的新成立的中南矿冶学院，在该校专设采煤系和钢铁冶炼系。

中山大学工学院、华南联合大学工学院、岭南大学工程方面的系科及广东工业专科学校也合并为新成立的华南工学院。

西南工业专科学校航空工程专科并入北京工业学院(即原华北大学工学院)。

"工学院调整方案"旨在集中相同学科的师资于一地，但工科院校的数量所增有限。到1952年初，全国206所高校中，工科院校仅为36所，约占17%，工科学生在大学在校生中的比重也大致是这个水平，而且工科院校的水平不高，规模小，无法培养全面系统的工程技术专业人才。

为此，教育部在1952年按照中央"以培养工业建设人才和师资为重点，发展专门学校，整顿和加强综合性大学"的方针，提出了"及时培养供应各种建设事业(首先是工业)所必需的高、中级干部和技术人才"的任务，为此决定增加高等学校95所。其中高等工学院50所，师范学院25所。教育部拟定发布了"关于全国高等学校1952年的调整设置方案"，仿照苏联高校模式，以华北、华东和东北三区为重点，实施全国高校院系调整。

这次调整的特点是，除保留少数文理科综合性大学外，按行业归口建立单科性高校；大力发展独立建制的工科院校，相继新设钢铁、地质、航空、矿业、水利等专门学院和专业。

1952年6月，新一轮的高校院系调整在京津地区拉开帷幕，华东、西南和东北等地也随即跟进。到1952年底，全国已有四分之三的院校实施了院系调整，形成了20世纪后半叶中国高等教育系统的基本格局。当时，教育部规定，以综合性大学培养科学研究人才及师资，全国各大行政区最少有一所，但最多不超过四所；"少办或不办多科性的工学院，多办专业性的工学院"，各大行政区必须开办一至三所师范学院，以培养高中师资，各省可办师范专科学校，培养初中师资，师范学院设系应严格按照中学教育所需。

根据这次的调整方案，仅保留北京大学、南开大学、复旦大学、南京大学、山东大学、东北人民大学、中山大学、武汉大学八所高校为文理综合性大学；清华大学、南京工学院、重庆大学、交通大学、同济大学、浙江大学六所高校则被定位为多科性高等工业院校。

(二) 新设立25所专门院校

1.北京地质学院。由北京大学、清华大学、天津大学、唐山铁道学院的地质系科组合成立。

2.北京钢铁学院。由北京工业学院、唐山铁道学院、山西大学工学院、西北工学院等校的冶金系科及北京工业学院采矿系、钢铁机械系、天津大学采矿系金属组合并成立。

3.北京航空学院。由北京工业学院航空系、清华

大学航空学院、四川大学航空系合并成立。

4.北京林学院。由北京农业大学、河北农学院、平原农学院森林系合并成立。

5.北京农业机械化学院。由北京农业大学机械系、北京机耕学校及农业专科学校合并成立。

6.中央财经学院。由原北京大学、清华大学、燕京大学、辅仁大学的经济系财经部分与中央财政学院各系科合并成立。

7.北京政法学院。由北京大学、清华大学、燕京大学的政治、法律系与辅仁大学社会系合并成立。

8.天津师范学院。津沽大学师范学院、天津市教师学院合并成立。

9.华东政法学院。由复旦大学、南京大学、安徽大学、震旦大学、上海学院、东吴法学院的法律系与复旦大学、南京大学、沪江大学、圣约翰大学的政治系合并成立。

10.上海第二医学院。由圣约翰大学医学院、震旦大学医学院等合并成立。

11.华东药学院。由齐鲁大学药学系、东吴大学药学专修科合并成立。

12.华东化工学院。由交通大学、大同大学、震旦大学、东吴大学、江南大学的化工系合并成立。

13.华东水利学院。由交通大学、同济大学、南京大学、浙江大学的水利系及华东水利专科学校合并成立。

14.华东航空工业学院。由南京大学、交通大学、浙江大学的航空系合并成立。

15.华东体育学院。由华东师范大学、南京大学、金陵大学三校体育系科合并成立。

16.山东财经学院。由齐鲁大学经济系与山东会计专科学校合并成立。

17.苏北农学院。江南大学农艺系与南通学院农科农艺系等合并成立。

18.中南矿冶学院。由武汉大学、湖南大学、广西大学的矿冶系合并成立。

19.重庆土木建筑工程学院。由重庆大学、贵州大学、川北大学的土木系合并成立。

20.四川化工工业学院。由重庆大学、四川大学、川北大学的化工系等系科合并组成。

21.东北财经学院。由东北人民大学财政信贷、会计统计两系与东北财政专门学校、东北银行专门学校、东北计划统计学院合并成立。

22.东北地质学院。由东北地质专科学校、东北工学院地质系与山东大学地矿系合并成立。

23.东北林学院。由东北农学院森林系与黑龙江省农业专科学校森林科合并成立。

24.沈阳农学院。由复旦大学农学院移设，并将东北水利专修科并入。

25.内蒙古畜牧兽医学院。由河北农学院、平原农学院两校畜牧兽医系合并成立。

经过1952年的院系调整，工科、农林、师范、医药院校的数量从此前的108所大幅度增加到149所，而综合性院校则明显减少，由调整前的51所减为21所。

此次院系调整除了合并重组高校系科，还根据计划经济和工业建设的需要设置新专业，"新的专业的面则常比西方大学生主修的专业窄"，同时把民国时期大学内部的"校——院——系——组"结构改变为苏联模式的"校——系——教研室(组)"。

此外，还将私立大学和原教会大学全部改为公立，撤销了辅仁大学、金陵大学、齐鲁大学、圣约翰大学、之江大学、沪江大学、震旦大学、岭南大学、华南联合大学等校的校名，其系科并入当地其他院校。

(三) 20所基督教教会大学的合并情况

1.燕京大学。学校被分拆，文、理部分系科并入北京大学，工程系科并入清华大学。其校址即今天的北京大学主校园——燕园。

2.齐鲁大学。原有各个学院分别并入专业相同的专门学院。神学院和国学研究所撤销；文理学院所属系科，划归当时位于青岛的山东大学(今山东大学)、南京大学和山东师范学院(今山东师范大学)；经济系与山东会计专科学校组建山东财经学院(后并入上海财经学院，今山东经济学院与该山东财经学院无关)；农业专科划归位于济南的山东农学院(今山东农业大学)；保留其医学院，更名为山东医学院(2000年7月22日，根据国务院调整部属院校管理体制意见，与原山东大学、山东工业大学正式合并，组成新的山东大学)。校址由山东医学院接收，今为山东大学西校区。

3.金陵女子大学。于1951年和金陵大学合并，1952年在其校址上改为南京师范学院(1984年改名南京师范大学)。20世纪80年代，吴贻芳推动金陵女子学院复校；1987年3月，依托南京师范大学正式成立金陵女子学院。

4.金陵大学。1951年9月，私立金陵大学与私立金陵女子文理学院(原金陵女子大学)合并为公立金陵大学。1952年院系调整时，金陵大学和原南京大学一部组成新的南京大学，新南京大学位于金陵大学鼓楼岗校址。金陵大学文理学院并入新南京大学。金陵大学教育系、农学院、农学院林学系、理学院电机系、化系等系科分出，和南京大学等有关大学的相关院系，组建了南京师范学院(今南京师范大学)、南京农学院(今南京农业大学)、南京林学院(今南京林业大学)、南京工学院(电机系在今东南大学，化工系在今南京工业大学)等校。电影与广播修科迁至北京组建电影学校(今北京电影学院)。另有部分院系调至其他有关大学。

5.东吴大学。与苏南文化教育学院、江南大学数理系合并为苏南师范学院，同年定名为江苏师范学院，在原东吴大学校址办学。1982年经国务院批准改名为苏州大学。经教育部和江苏省省政府批准，苏州蚕桑专科学校、苏州丝绸工学院、苏州医学院先后于1995年、1997年、2000年并入苏州大学。东吴大学在上海的法学院，并入华东政法学院(今华东政法大学)，会计系并入上海财经学院(今上海财经大学)。

6.沪江大学。各系分别并入复旦大学、华东师范大学等相关院校，校址移归上海机械学院(今上海理工大学)。

7.圣约翰大学。被拆散并入其他多所高校，主要是华东师范大学、复旦大学和上海第二医学院(今上海交通大学医学院)。其校址现为华东政法大学所用。

8.之江大学。建筑工程系并入上海同济大学;商学院工商管理财经系并入上海财经学院(今上海财经大学);工程学院各系并入浙江大学;文学院各系及部分数理化学系,并入浙江师范学院(今浙江师范大学)。原校址在今浙江大学西溪校区。

9.福建协和大学。1951年1月,教育部决定接办福建协和大学和华南女子文理学院,将两校合并成立福州大学,原私立福建协和大学校区内设福州大学农学院。1952年厦门大学农学院,并入福州大学农学院,统称为福建农学院。1994年福建农学院更名为福建农业大学。2000年10月福建农业大学、福建林学院合并组建福建农林大学。1953年福州大学改名为福建师范学院。1972年,福建师范学院改名为福建师范大学。

10.岭南大学。与中山大学及其他院校的文、理科合并,组成现在的中山大学,校址设在岭南大学旧址。其余学科经过合并调整,分别组成华南工学院(今华南理工大学)、华南农学院(今华南农业大学)、华南师范大学和中山医学院。

11.长沙的雅礼大学。1949年解放后,雅礼大学被政府取缔,很多专业资源转入湖南大学、湖南师范大学及中南大学湘雅医学院的前身湖南医学院。雅礼大学已迁至麻园岭北端新址(今中南大学湘雅医学院北院),并入华中大学后,校址空置,雅礼协会的雷文斯返湘召开董事会,决定在雅礼大学麻园岭校址开办雅礼中学,以续弦歌。

12.武昌的文华书院。1924年改名为华中大学。1951年组建公立华中大学,1952年全国高等学校院系调整,公立华中大学的化学、国文两系与私立华中大学等高校合并成立华中高等师范学校(今华中师范大学)。原校址今为湖北中医药大学老校区。

13.武昌的博文书院。1924年武昌文华书院与博文书院大学部、博学书院大学部合并,成立华中大学,校址设在武昌昙华林。中学部仍在博文书院旧址,1954年改名为武汉市第十五中学。

14.华西协和大学。学校医学院接收了重庆大学医学院后建立四川医学院(1953年定名为四川医学院,20世纪80年代改成华西医科大学,2000年并入四川联合大学,成为如今四川大学医学院);文理哲学院被合并给四川大学,藏品丰富的历史博物馆调整到四川大学,其中社会学系及民族学(即人类学)于半年后从四川大学划并入西南民族学院(今西南民族大学);工学院被合并给成都科技大学(1997年与四川大学合并为四川联合大学);农学院被合并给四川农学院(今四川农业大学,迁至雅安)。原校址为四川大学华西校区。

15.沈阳的文会书院。1924年奉天省立文会书院大学部停办。大学部神科并入奉天神学院(今东北神学院),文会书院改名为奉天私立文会高级中学。1950年9月16日,由工业部轻工业管理局正式接办前私立文会中学,改名为轻工业管理局工科高级职业学校(今青岛科技大学)。原校址现为沈阳市委住址。原礼拜教堂现为沈阳东关基督教堂。

16.宁波的三一书院。被分割成三一中学(今宁波市第三中学)和宁波三一圣经学院(1952年参与建立金陵协和神学院)。1952年11月,华东地区11所神学院联合组成的金陵协和神学院正式在南京成立。这11所神学院是:南京金陵神学院(暨金陵女子神学院)、上海圣公会中央神学院、上海浸会神学院、杭州中国神学院、无锡华东神学院、济南齐鲁神学院、漳州闽南神学院、福州协和神学院、宁波三一圣经学院、镇江浸会圣经学院和济南明道圣经学院。其原址在今宁波八中附近。

17.太谷的铭贤学堂。学校创建时为小学,1908年曾办初中班,校址在山西省晋中市太谷南关。1909年迁入太谷城东孟家花园,增设中学班。1916年又增设大学预科班。1923年夏,根据国家教育会议决案,改用新学制,大学预科停办。1932年抗日战争爆发后学校南迁,1940年成立铭贤农工专科学校。1943年夏改为铭贤学院。1951年秋结束私立铭贤学校四十余年的历史,改为山西农学院。1979年改为山西农业大学。铭贤中学旧址现位于山西省晋中市太谷县山西农业大学校园,为省级文物保护单位。

18.岳阳的湖滨书院。1929年1月,五个教会的代表在武昌开会,为重建华中大学尽最大努力达成共识。长沙雅礼大学、岳阳湖滨书院大学部、武昌文华书院、武昌博文书院大学部、汉口博学书院大学部合并组成华中大学(今华中师范大学)。中学部1949年复称湖南私立湖滨中学。1951年由湖南省农业厅接管,改名为湖南省立湖滨农林技术学校(今湖南生物机电职业技术学院),后迁往长沙。原校址位于岳阳市区湖滨黄沙湾,即今岳阳市市委党校和岳阳市特殊教育学校内。

19.华南女子文理学院。在1951年4月,学校与福建协和大学合并成立福州大学。原福建协和大学校区内设福州大学农学院。1952年厦门大学农学院并入福州大学农学院,统称为福建农学院。1994年福建农学院更名为福建农业大学。2000年10月福建农业大学、福建林学院合并组建福建农林大学。1953年福州大学改名为福建师范学院。1972年福建师范学院改名为福建师范大学。学校原址位于福建省福州市仓山(今福建师范大学仓山校区)。

20.协和医学院。1957年,学校并入中国医学科学院。1959年经国务院批准,在原协和医学院基础上成立中国协和医科大学。原校址即今北京协和医学院。

(四)三所天主教教会大学的合并情况

1.辅仁大学。在1952年全国高校整并计划中,辅仁大学被彻底取消,校舍中的十字架被破坏捣毁,划入北京师范大学的北校区。人员与系所编制则为北京大学、北京师范大学、中国人民大学、北京政法学院(今中国政法大学)、中央财政学院(今中央财经大学)所分。原北平辅大校址现为北京师范大学辅仁校区及辅大北京校友会的所在地。

2.震旦大学。1952年10月震旦大学医学院和圣约翰大学医学院、同德医学院合并组成上海第二医科大学(今上海交通大学医学院);经济系、中文系、化学系和营养组并入复旦大学;法律系并入华东政法学院;电机系并入上海交通大学;土木系并入同济大学;化工系并入华东化工学院；托儿专修科并入南京师范学院；教育系并入华东师范大学；银行、会计、企业管理等夜校专修科并入上海财经学院。从此震旦大学撤销。原校址现为徐家汇天文台。

3.天津工商学院。1921年由耶稣会创办，是一所专科大学。1949年天津解放。1951年9月19日，中央人民政府教育部根据津沽大学校董会请求，批准"津沽大学改为公立，校名仍称津沽大学"，同时"私立达仁学院停办，全部学生转入津沽大学商学院"，"天津土木工程学校合并于津沽大学工学院"，还批准"以津沽大学原有文学院为基础，筹建师范学院"。1952年8月津沽大学工学院并入天津大学，商学院并入南开大学，并以其师范学院为基础在原校址组成天津师范学院。1958年夏，河北省教育厅将师范学院扩建为天津师范大学，1960年夏改为综合性大学，定名为河北大学。1970年11月，河北大学由天津迁至河北保定，原校址改建为天津外国语学院。2001年河北大学庆祝建校80周年，将天津工商学院作为前身。

三、院系调整对中国高等教育的影响

1952年的院系大调整，解决了中国高等教育体系中工科过于薄弱的痼疾，但也给中国高等教育带来了不容忽视的负面影响。具体而言，主要有两大方面。

（一）使高校丧失了教学自主权

院系大调整涉及到了高等学校内部结构的根本性改造。以南京大学为例，南京大学的前身是国立中央大学和私立教会大学金陵大学，调整前有文、理、工、农、医、法、师范等7个学院共35个系，经过这次院系调整后，仅保留了文、理方面的13个系，并且严格分成文科和理科，文、理科又各自按照传统的学科分类，组成系科和专业，不仅文、理科之间没有进行真正综合，就自身专业之间也缺乏渗透和交融。由此，南京大学由一个综合性大学，变成了类似欧美的文理学院（虽然其名义上仍是综合性大学），其他的12所综合性大学也大体如此。

伴随高等学校内部结构根本性改造而来的是国家对高等学校教学管理的加强。为了加强对高校的管理，1953年中央专门成立了高等教育部。1953年，中央有关文件认为："高等学校教师的思想改造学习今年暑假前即可告一段落，院系调整工作在今年暑假亦可大部完成，各类高等学校的任务和培养人材的目标均较以前明确，统一招生与统一分配毕业生的制度已经确立，这些条件将便于中央高等教育部及其他部门进一步加强直接和具体的管理。"高等教育部将对"全国高等学校的方针政策、建设计划（包括学校的设立或变更、院系和专业设置、招生任务、基本建设和财务计划等）、重要的规程制度（如财务制度、人事制度）、教学计划、教学大纲、教材编审、生产实习等事项，进一步统一掌握起来。凡高等教育部关于上述事项的规定、指示或命令，全国高等学校均应执行。如有必须变通办理时，须经中央高等教育部或由中央高等教育部转报政务院批准"。院系大调整改变了在中国孕育了半个多世纪才形成的现代高等教育体制，实际上在高等教育领域里提前建立了直到1956年才在经济领域中全面推行的计划体制。从此以后，高等学校逐步丧失了教学自主权。

（二）使社会学、政治学等人文社科类专业被停止和取消

院系大调整的一个重要出发点是为了缓解当时技术人才的短缺。通过院系大调整，也的确达到了加速工业人才和师范类人才培养的目标，调整后工科学生数量大幅增加。据教育问题专家杨东平统计："1946年，工科学生仅占在校生总数18.9%，1952年达到35.4%，为各科学生之首，改变了此前以文法科为主的学校和学科结构。通过增设钢铁、地质、矿冶、水利等12个工业专门学院，以及建成机械、电机、化工、土木等比较齐全的工科专业体系，改变了旧中国不能培养配套的工程技术人员的落后状况。"从这一点来看，20世纪50年代初期的院系调整有一定的积极意义，总体来讲是适应当时的政治和经济建设需要的，为我国的工业化建设和科学技术发展奠定了基础，培养了大批专门人才。与之相反，人文社会科学由于它的"资产阶级性质"而遭到否定。如社会学，便在这次调整中被取消，全国20多个社会学系，只剩下中山大学和云南大学两家大学仅存，但1953年也被撤系，造成社会学绝迹，直到1979年才得以重建。通过学科和课程改造，社会学、政治学等学科被停止和取消。

有学者认为，高等教育全面推行以"苏联模式"为背景的院系大调整，导致中国整整几代人缺乏人文精神的熏陶。陈辉在《1952年中国高校院系调整档案》一文中指出，当时中国政府对世界高等教育的发展规律及实况缺乏了解，将苏联的教育经验作泛政治化理解，甚至与"社会主义制度优越性"混同起来，进而全面否定欧美国家以及民国时期高等教育的理念与有益的学术传统，摒弃了本科的通识教育，办学主体也从过去的多元化改变成一元化。当时中国政府只从经济建设的短期需要出发，滋生了急功近利的教育理念，着重培养大批工科专业技术人员，而与实用技能训练无关的重要系科则被连根拔掉，由此造成了人文精神的流失。例如，清华大学原是一所有着浓厚人文底蕴和文理工结合优良传统的一流综合性大学，20世纪初在人文与科学领域曾经璀璨一时，群英荟萃，出现了一大批光辉不朽的名字，如梁启超、王国维、陈寅恪、赵元任、胡适、顾毓琇、朱自清、闻一多、金岳霖、张奚若、梁思成、冯友兰、潘光旦、曹禺、钱锺书、熊庆来、华罗庚等，他们为中国的学术研究和东西方文化的交融作出了巨大贡献。但20世纪50年代初，政府只考虑到国家建设对培养工业人才的迫切需要，取消了清华大学的人文社会学科和理科，大大影响了清华大学此后的发展。工科的发展与理科的发展是紧密相联的，没有理科知识作为知识基础，工科不可能单科独进。

对于上述这种观点，李响在《1952年院系大调整——教授"洗澡"大学洗牌》一文中，提出了不同看法。他认为，院系调整历来被解释为照搬"苏联模式"，其实，苏联虽然重视单科大学建设，专业设置也比西欧和美国大学更加专业化和理论化，但苏联并不

完全排斥综合性大学。莫斯科大学本来没有工科院系，20世纪50年代初成立了工科性质的物理技术系。而当时中国正在将北大、南大的工科院系一刀切掉。因此，李响认为，1952年院系大调整与其说是向苏联"一边倒"，不如说是中国独立开创的高等教育战线上的政治革命。

综上所述，1952年全国高校院系大调整，有着特殊的历史背景。作为中国高等教育史上规模最大的一次教育体制改革，院系大调整既发挥出了一定的积极作用，又对中国高等教育产生了极为深远的影响。今天，我们在编写《傲然风骨——大学里的老建筑》一书时，对这段历史进行回顾，既是为了让读者更好地了解一些大学老建筑的身世传奇，也是为了让读者能更全面地了解那段无法回避的历史。

图书在版编目(CIP)数据

傲然风骨：大学里的老建筑/顾嘉福，陈志坚主编.
—上海：中西书局，2013.11（2019.4重印）
ISBN 978-7-5475-0485-7

Ⅰ.①傲… Ⅱ.①顾… ②陈… Ⅲ.①高等学校－
教育建筑－古建筑－介绍－中国 Ⅳ.①TU244.3

中国版本图书馆CIP数据核字(2013)第034026号

傲然风骨——大学里的老建筑

顾嘉福 陈志坚 主编

责任编辑	赵明怡 毕晓燕
装帧设计	梁业礼
出版发行	中西书局 (www.zxpress.com.cn)
地　址	上海市陕西北路457号(200040)
印　刷	上海界龙艺术印刷有限公司
开　本	890×1240 毫米 1/12
印　张	17.5
版　次	2013年11月第1版 2019年4月第2次印刷
书　号	ISBN 978-7-5475-0485-7/TU.004
定　价	320.00元

本书如有质量问题，请与承印厂联系。T:021-58925888